The handbook of plankton in freshwater

プランクトン
ハンドブック
淡水編

中山 剛　山口晴代　著

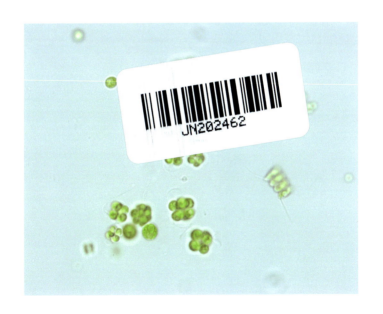

文一総合出版

この本の特徴と使い方

水中や水底の小さな生物のハンドブックです

「プランクトン」という用語に対して, 多くの人は「顕微鏡を使わなければ見えないような小さな生物」というイメージを抱くでしょう。しかし, 厳密にはこれは正しくありません。「プランクトン」はギリシア語の「放浪者」に由来し,「水流に逆らって泳ぐことができない水中の生物」を意味します。それに対し, 魚のように強い遊泳能力をもつ水生生物は「ネクトン」, ヒトデのように水底など基物に接して生きる水生生物は「ベントス」とよばれます。このような区分には大きさの規定は含まれていないので,「プランクトン」には顕微鏡を使わなければ見えないような小さな生物からクラゲのような大きな生物まで含まれます。一方で「ベントス」にも微小な生物が含まれます。とはいえ, 実際に生物の調査などを行う際に, あまりにも大きさの違う生物を一緒に扱うことは難しいですし, プランクトンサンプルに本来はベントスである微生物が混入することもふつうです。この本は「プランクトンハンドブック」を名乗っていますが, 生物学的に正しい意味ではなく, より一般的なイメージに近い意味の「プランクトン」, つまり水中や水底の小さな生物について解説しています。

この本で扱っている生物

この本では, 日本の一般的な池や湖で見られる, 顕微鏡でなければ同定できない小さな (およそ1mm以下) 生物を扱っています。このような生物は, 日本の北と南の違いよりも, 池による違い (栄養度, pH, 汚濁度など) の方がはるかに大きいので, 身近な場所でも池によってさまざまな生物が見られると思います。本書では, 前述のように, 浮遊性の生物 (狭義のプランクトン) だけではなく, 底生性の生物も含んでいます。この範囲に含まれる生物は, 細菌から藻類, アメーバ, 繊毛虫, ワムシやミジンコなど極めて多岐にわたります。この中には, 毒をつくるアオコの仲間や, スピルリナ, クロレラ, ミドリムシ (ユーグレナ) などサプリメントとして有名な藻類, 七輪の原料となるガラス質の堆積物をつくる珪藻, アメーバやゾウリムシ, ミジンコなど名前はよく知られていても実物を見たことがある人は少ないと思われる生物が含まれています。著者らは藻類が専門であるため, それ以外の生物群, 特に繊毛虫や動物に関

してはちょっと手薄な感じがしますが, これほど多様な生物を扱った類書はないと思っています。

これらの生物は, 種レベルでの同定が困難である場合が多いため, 属単位で解説しています。属とは, 種の一つ上の分類階級で, 例えばヒョウ属にはライオン, トラ, ジャガーなどの種が含まれます。属は, 形態的にかなり異なる生物が含まれることもありますが, 大まかな区分としては最も分かりやすいと思います。

この本の見方

この本では, プランクトンを分類群別に配列し, 属の名称, 主な特徴や生態を紹介しています。

①大系統群

生物の大きなグループを示します。最近のDNAを用いた研究結果などを含めてなるべく最新のものを紹介しているため, これまでに出版された一般的な図鑑とはかなり異なっています。

この本では, 大きく細菌と真核生物に分け, 真核生物はさらに以下の7つに区分しています。

■ アーケプラスチダ (緑藻, 陸上植物など)
■ アルベオラータ (繊毛虫, 渦鞭毛藻など)
■ ストラメノパイル (不等毛植物など)
■ リザリア (有孔虫など)
■ エクスカバータ (ミドリムシなど)
■ アメーバ動物 (アメーバなど)
■ オピストコンタ (動物, 菌類など)

②分類群名

①で示したグループをさらに区分した綱などの名称を示します。ページ端の綱の名称の上に付した ■■■ は, 各属の所属する目の前に示した ■■■ と連動していて, その目がどの綱に属するかを示しています。

クンショウモの仲間, イカダモの仲間など, よく知られた生物については, この部分にマークをつけて示しています。　例:　🔁　🔸　📃

③属の名称

多くの場合, 学名をカナ読みにして示しています。大型の動物や菌類, 陸上

植物とは異なり、微生物の多くには和名がありません。和名があるものについてはなるべくそれを使用しましたが、実際にはそのようなものでも、学名のカナ読みの方が一般的であることが多いのです。珪藻の場合はほとんどの属（種ではない）に和名がありますが、これは極めて珍しい例です。和名がないもののうち、ごく少数の属に和名をつけてみたものがあります。それらには、和名のうしろに*をつけて示しました。学名のカナ読みは、なるべく一般的なものにしたつもりですが、読み方に決まりはないので、人によって違うことがよくあります。

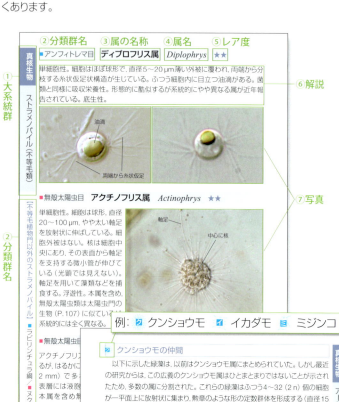

④属名

⑤レア度

3段階の★の数で示しています。★が多いほど珍しい生物です。ただし, 前述のようにプランクトンの種構成は池によってかなり異なるので, あくまでも（著者に身近な環境での）一般的な傾向を示したものと考えて下さい。

⑥解説

水中の微生物には浮遊性のもの（狭義のプランクトン）や底生性のもの（水底近くで生育）, さらに基質（植物や石など）に固着しているものがいます。それらの特徴のほか, 生態, 分類についてなどを記しています。

⑦写真

その生物の特徴がよくわかる写真を掲載しています。写真はほとんどが茨城県の霞ヶ浦や筑波大学構内の池で採取された生物を撮影したものですが, 一部は国立環境研究所で保存されている培養株（p 136）を撮影したものもあります。写真は主に微分干渉顕微鏡というやや特殊な顕微鏡で撮影しているため, 生物の立体感が強調されています。ふつうの顕微鏡とはやや見え方が違うので注意してください。

目的の生物を探す

12～19ページには, この本で紹介しているプランクトンを, 大きさと目立つ特徴で区分したイラストによる一覧図があります。採集したプランクトンを光学顕微鏡（光顕）で観察し, 似た形をしたものを探してください。イラストに付した数字は, 写真と解説が載っているページの番号です。光顕による観察のしかたは, 巻末の132～136ページを参照してください。

水中には非常に多様な微生物が生きています。ぜひその並外れた多様性を観察してみてください。

注意

○微生物では, 同じ属であっても（ときには同じ種であっても）形がかなり違っていたり, 大きさが10倍も違うことがあります。

○鞭毛をもつ生物では, 鞭毛を欠く状態になったり, プレパラートにしたときの刺激で鞭毛が切れてしまうことがよくあります。

※光顕で観察したときの注目すべき特徴の見え方とイラストを比較できるように, 次ページから写真とイラストを並べて示します。

イラスト検索図

　光顕でプランクトンを観察するときには,体のつくり,鞭毛などの運動器官の有無,細胞を覆う構造(外被)の特徴,葉緑体の特徴,仮足がある場合はその形などが重要な注目点です。これらに注意して,12〜19ページに示した一覧図も参考に,該当する生物を探してみて下さい。

> 　先に記したように,本書では属を単位にして微生物を紹介しています。このような微生物では,同じ属であっても(ときには同じ種であっても)形がかなり違っていたり,大きさが10倍も違うことがあるので,注意してください。また鞭毛をもつ生物では,鞭毛を欠く状態になったり,プレパラートにしたときの刺激で鞭毛が切れてしまうことがよくあります。
> 　本書では水中で生きている生物のみを扱っていますが,光顕観察をしていると,植物の花粉や菌類の胞子,動物や植物の一部などが見られ,変な微生物だと間違えてしまうことがあります。この点にも注意が必要です。

体のつくり　　体のつくりや形を観察しよう

単細胞性　細胞が1個ずつばらばらで生きる

群体　ほぼ同じ形の細胞が集まっている

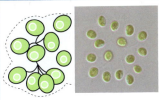

たがいに離れている

密着している

規則正しく集まっている

不規則に集まっている

糸状体　細胞が1列につながる

分枝がない

分枝している

多細胞　多種多様な細胞が密着して組織をつくり、1つの個体を形成する

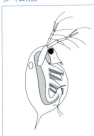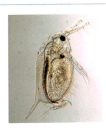

大きな単細胞生物（ゾウリムシなど）との区別がむずかしいこともある

細胞の運動

細胞が運動するとき，どのような器官を使っているだろうか？

水中を漂うだけでなく，泳ぐ，這うなど，細胞が動いているかを確認しよう
注意：本来は運動する生物でも，弱っていて止まっていることがよくある

鞭毛　細胞の一部が細長く伸びた構造で，ふつうすばやく波打つ運動をする

チェックポイント			
本数は？			鞭毛4本
伸びる方向は？			鞭毛2本，1本は前方に，もう1本は後方に伸びる
細胞のどこから生じている？			鞭毛2本，細胞中央から生じる
長さは同じ？異なる？			鞭毛2本，長さが異なる

仮足　変型する細胞の突出構造。どんな形をしているかに注目

糸状の仮足

針状の仮足（軸足とよぶこともある）

指状の仮足

葉状の仮足

繊毛　1つの細胞に多数の鞭毛がある場合, 繊毛とよぶ

チェックポイント			
全体に生えている？			同じ長さの繊毛が全体に生える
一部にまとまっている？			後端に繊毛の束がある
長さに違いはある？			後端に特に長い繊毛がある
束になって棘のように生えている？			繊毛が束になった棘毛をもつ

細胞外皮　　細胞を覆う構造

粘液質

ガラス質の鱗片

ガラス質の殻

細胞壁

細胞壁が薄く，細胞に密着している場合にはわかりにくいこともある。

細胞壁に棘や模様があるかも確認

細胞壁の棘は仮足と異なり変形しない

表面に顆粒状の模様がある

10

葉緑体の色や形，数 色や数を観察しよう　　○ピレノイド

青緑色, 複数

棒状の葉緑体が集まる

緑色, 2個

半細胞にそれぞれ1個づつ
ピレノイドはそれぞれ多数
（○は一例）

橙褐色, 複数

C字型の葉緑体
ピレノイドはない

黄褐色, 1個

細胞の左右に1個づつ
ピレノイドはそれぞれ1個づつ

褐色, 2個

小型（〜100 μm）、鞭毛・仮足なし

10 μm

イラスト検索図

p.20　p.21　p.45　p.20　p.20　p.22　p.22　p.21

p.20　p.29　p.47　p.36　p.29　p.22　p.23　p.42　p.47　p.43

p.39　p.71　p.41　p.41　p.40　p.42　p.50　p.49

p.71　p.36　p.36　p.47　p.49　p.44

p.49　p.39　p.48　p.44

p.55　p.71　p.45　p.44　p.44

p.55　p.43　p.72　p.72　p.72

p.45　p.70　p.72　p.51　p.100　p.119　p.70

p.23　p.70

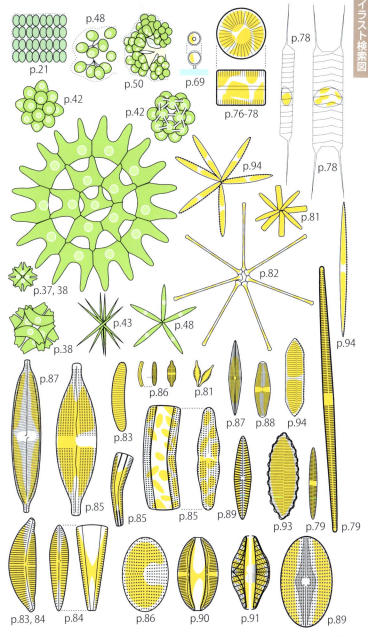

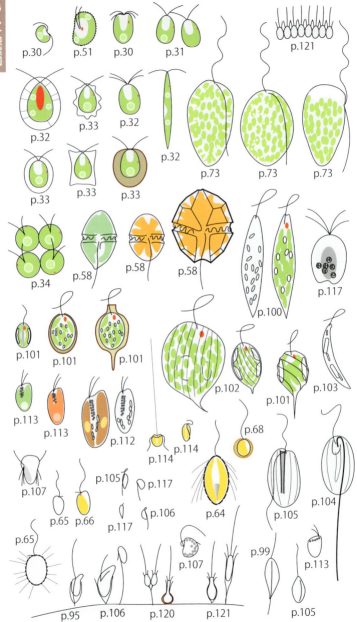

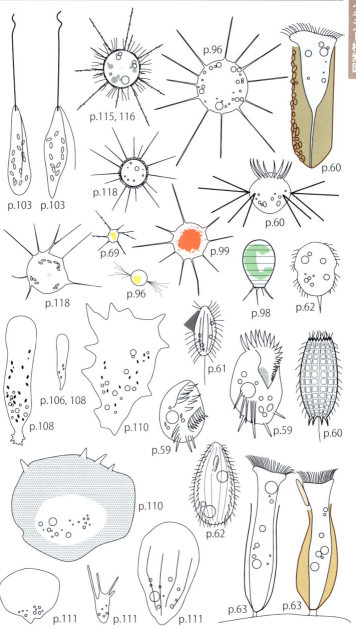

糸状・帯状　50 μm

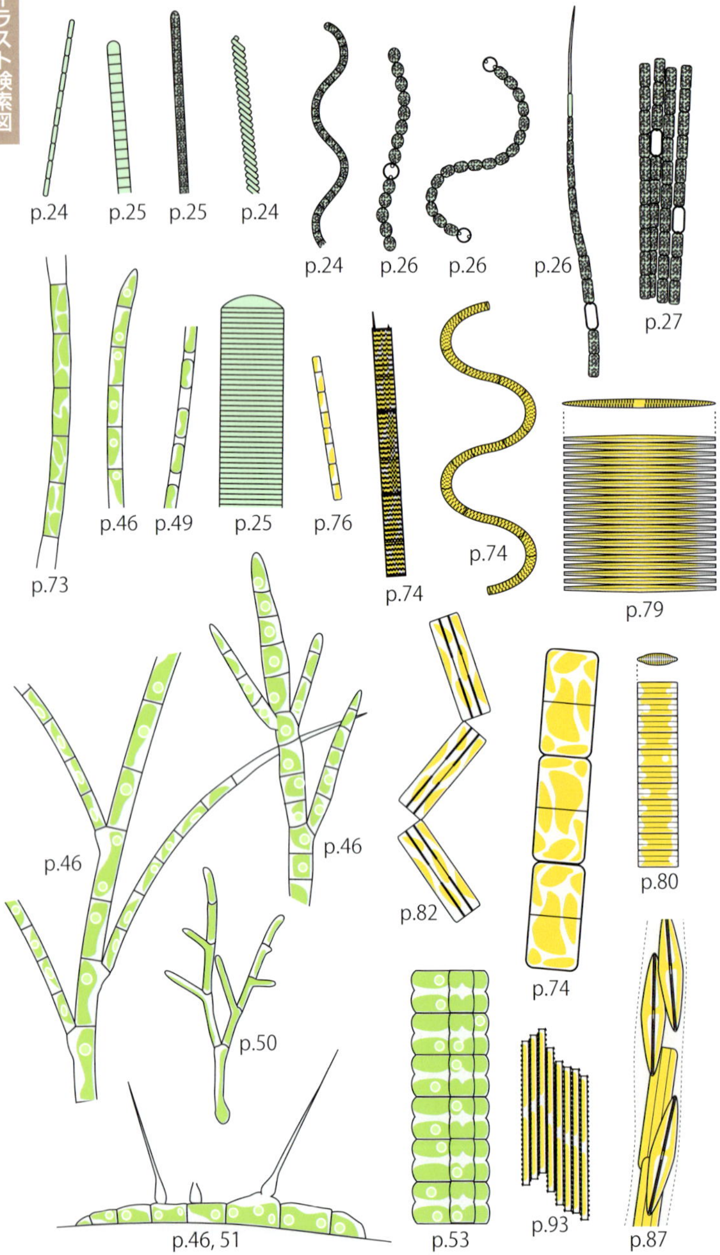

イラスト検索図

p.24　p.25　p.25　p.24

p.24　p.26　p.26

p.26

p.27

p.73　p.46　p.49　p.25　p.76

p.74　p.74

p.79

p.46　p.46

p.82

p.74

p.80

p.50

p.46, 51

p.53

p.93

p.87

16

中型（～300 μm）、鞭毛あり　50 μm

イラスト検索図

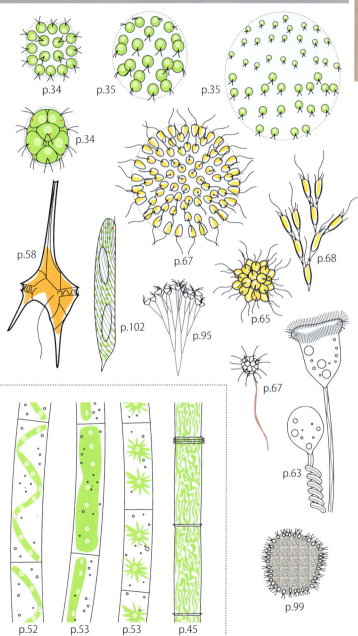

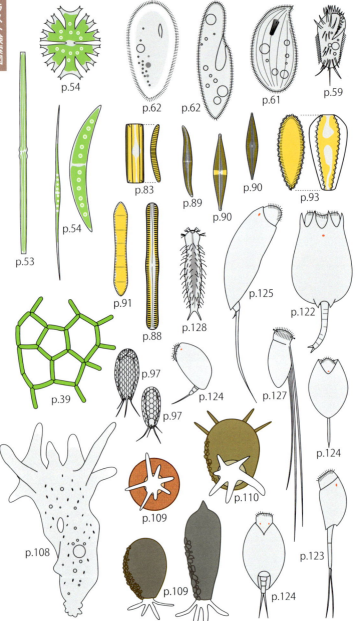

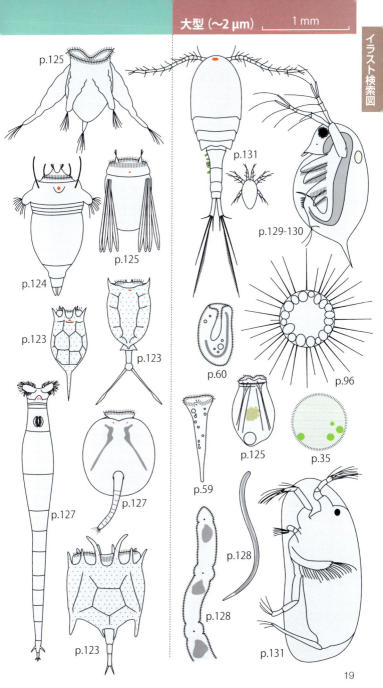

細菌

サイドバー: プロテオバクテリア門 | ガンマプロテオバクテリア綱 | プランクトミケス門 | プランクトミケス綱

細菌（バクテリア，真正細菌）

大腸菌や乳酸菌，藍藻（シアノバクテリア）などが含まれる。私たち真核生物とは異なり，DNAが膜に囲まれず，ミトコンドリアやゴルジ体のような細胞小器官ももたない。構造的には単純な生物であるが，その代謝機能は真核生物よりもずっと多様であり，光合成または化学合成を行うもの，石油などさまざまな物質を分解できるものなどがいる。ほとんどが単細胞で直径5 µm以下であり，光学顕微鏡（光顕）で見える形（右写真）から同定することはほとんど不可能である。そのため，細菌を同定するためにはふつうDNA塩基配列情報などが必要になる。

ただし，中には比較的大きく特徴的な形をもつため光顕でも同定できるものもいる（下3属はその例）。特に細菌の1グループである藍藻は比較的大型で特徴的な形をしたものが多く，光顕でもさまざまなグループを同定できる（p. 21〜27）。

■ アクロマチウム属　*Achromatium*　★★

細胞内に炭酸カルシウムと硫黄の顆粒を含む大型（長径20〜40 µm）の細菌。硫化物を酸化して硫黄を生成する際に得たエネルギーを使って有機物をつくる（化学合成）。底生性。

■ ランプロキスティス属　*Lamprocystis*　★★

細胞が密集して不定形の群体を形成する。細胞は赤紫色で球形，直径2〜4 µm。中心にガス胞をもつ。酸素を生成しない光合成を行う光合成細菌。動物命名規約でこの学名はあるカタツムリの属名。浮遊性または底生性。

ガス胞

■ プランクトミケス属　*Planctomyces*　★★

先端に小さな球形の細胞（直径数µm）がついた柄が放射状に集まって群体を形成している。その名が示すように浮遊性。

細胞

【藍藻（シアノバクテリア門）】

伝統的に藍藻（らんそう）とよばれるが、系統的には大腸菌のような細菌に近縁であるため、近年ではシアノバクテリア（藍色細菌）とよばれることも多い。ふつう青い色素（フィコシアニン）を大量にもつため、クロロフィルの緑色と併せて青緑色（藍色）に見えるものが多いが、赤い色素（フィコエリスリン）をもち紫色〜赤褐色を呈するものもいる。フィコシアニンは青い天然色素として食品に用いられている。海、淡水、陸上に広く分布する光合成生物であり、富栄養湖沼で大繁殖してアオコを形成する種もいる (p. 23)。食用とされるものもあるが、一方で毒素（藍藻毒）を生成するものもいる。

シネコキティス

■クロオコックス目　**シネココックス属**　*Synechococcus*　★★

単細胞性で楕円形〜円筒形、薄い青緑色、ふつう極めて小さい（1 μm前後）。その大きさのため目につきにくく、ふつうの細菌との区別が難しいが（p. 20上）、ときに大量に存在し、生態的に極めて重要。浮遊性。

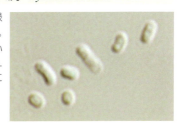

■クロオコックス目　**クロオコックス属**　*Chroococcus*　★★

基本的に単細胞性であるが、2〜数個の細胞が共通の粘液質で包まれた群体であることが多い。細胞は直径2〜60 μm。浮遊性または底生性。

■クロオコックス目　**メリスモペディア属**　*Merismopedia*　★

細胞が一平面上に規則正しく配列して美しい群体を形成する。各細胞は楕円形、長径0.5〜14 μm。浮遊性または底生性。

■クロオコックス目　**コエロスファエリウム属**　*Coelosphaerium* ★

球形〜不定形の中空状群体，直径20〜150 μm。球形の細胞（直径1〜7 μm）が群体表層に分布する。細胞どうしをつなぐ構造は見られない。浮遊性。

細胞をつなぐ構造はない

■クロオコックス目　**スノウェラ属**　*Snowella* ★★

コエロスファエリウム属に似るが，群体中心から放射状に伸びる糸状構造によって細胞がつながっている。浮遊性。

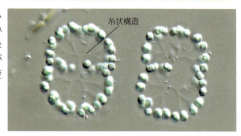
糸状構造

■クロオコックス目　**アファノカプサ属**　*Aphanocapsa* ★

寒天質中に多数の細胞が散在している群体。細胞は球形，直径1〜7 μm。底生性〜浮遊性。

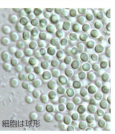
細胞は球形

■クロオコックス目　**アファノテーセ属**　*Aphanothece* ★★

寒天質中に多数の細胞が散在している群体。細胞は楕円〜棒状，長径3〜9 μm。底生性〜浮遊性。

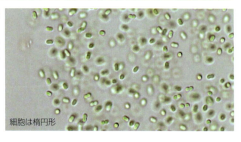
細胞は楕円形

■ クロオコックス目　ミクロキスティス属　*Microcystis*　★

寒天質中に多数の細胞が不規則に分布している不定形の群体。細胞はほぼ球形,直径2〜7μm,ガス胞をもつ。ミクロキスチンとよばれる肝臓毒をつくることがある。浮遊性。富栄養湖沼で初夏に大繁殖し,アオコを形成することがある。

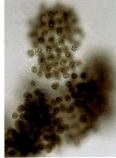
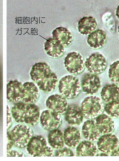

細胞内にガス胞

■ クロオコックス目　カマエシフォン属　*Chamaesiphon*　★★

細胞は棒状,長さ3〜30μm,一端で基物に付着している。細胞先端付近で分裂して外生胞子を形成する。付着性。

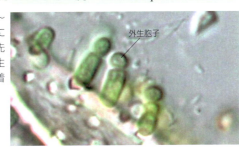

外生胞子

細菌【藍藻(シアノバクテリア門)】■藍藻綱

コラム　アオコ

　霞ヶ浦のような富栄養の(窒素やリンが多い)湖沼では,特に夏期に水面に青緑色の粉を撒いたような状況になることがあります。この現象はその見た目からアオコ(青粉)とよばれています。アオコはミクロキスティス属やドリコスペルマム属のような浮遊性の藍藻が大増殖することによって引き起こされます。このような藍藻はふつう細胞内にガス胞とよばれる空気袋をもつため,水面をびっしりと覆ってしまいます。その結果水中に光が届かなくなり,他の藻類や水生植物に害が及びます。また光合成できない夜間における藍藻の呼吸や,大量の藍藻が死んで細菌に分解される際の酸素消費によって酸欠状態になり,魚などの動物が大量に死んでしまうこともあります。さらに,このような藍藻は悪臭物質や毒素を産生することがあり,私たちの生活に多大な悪影響を与えることもあります。生活排水などによって水中の栄養塩(特にリン)が増加することによってこのような大増殖が引き起こされると考えられています。

■ユレモ目　**プセウドアナベナ属**　*Pseudanabaena* ★

無分枝糸状体,直径0.8〜4μm。細胞間はややくびれる。各細胞は長さ＞直径。カビ臭物質をつくるものもいる。浮遊性または底生性。ときに大繁殖する。

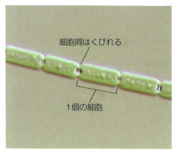
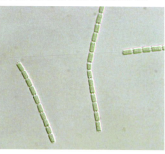

■ユレモ目　**アルスロスピラ属**　*Arthrospira* ★★

無分枝糸状体,直径3〜10μm,ゆるくらせん状に巻いている。細胞間の隔壁は明瞭。ときにガス胞をもつ。「スピルリナ」の名で商品化されている藍藻は本属に属する。浮遊性。ときに大繁殖する。

■ユレモ目　**スピルリナ属**　*Spirulina* ★★★

無分枝糸状体,非常に細く直径1〜3μm,きつくらせん状に巻いている。細胞間の隔壁は不明瞭。ガス胞を欠く。ふつう底生性。

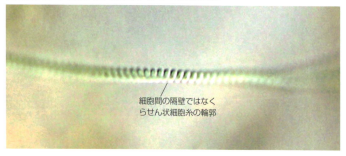

■ユレモ目　プランクトスリックス属　*Planktothrix* ★

無分枝糸状体，直径4〜10 μm。各細胞は長さ ≦ 直径，ガス胞を多くもつ。類似属にプランクトスリコイデス属（*Planktothricoides*）があるが，形態的な区別は難しい。藍藻毒やカビ臭物質をつくるものもいる。浮遊性。ときに大繁殖する。

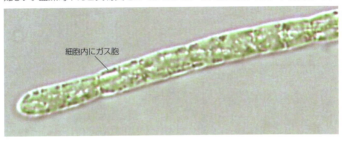

細胞内にガス胞

■ユレモ目　フォルミディウム属（*Phormidium*）の仲間 ★

無分枝糸状体，ふつう直径2〜15 μm。ときに鞘をもつ。各細胞の長さと直径は同程度。系統的にさまざまなものを含んでいる。浮遊性または底生性。ときに大繁殖する。

鞘

■ユレモ目　ユレモ属　*Oscillatoria* ★★

無分枝糸状体，ふつう太い（ときに約60 μm）。各細胞の長さは直径に対して非常に小さい。滑走したり揺れ動く運動をするためこの名があるが，糸状性藍藻の中にはこのような動きをするものは他にも多い。多くは底生性だが一部ガス胞をもち，浮遊性。

ガス胞

1個の細胞

25

細菌 [藍藻（シアノバクテリア門）] 藍藻綱

■ネンジュモ目　ドリコスペルマム属　*Dolichospermum* ★

無分枝糸状体。細胞糸は直線状またはらせん状。細胞間はふつうくびれる。細胞は球形～円筒形、直径3～12μm。細胞中にはガス胞がある。細胞糸の途中に異質細胞があり、また特殊な耐久細胞（アキネート）をつくることがある。藍藻毒をつくるものもいる。以前はアナベナ属（*Anabaena*）に分類されていたが、近年分けられた。また類似するスファエロスペルモプシス属（*Sphaerospermopsis*）は、アキネートが異質細胞のすぐ隣に形成されることを特徴とする。浮遊性でしばしば大増殖する。

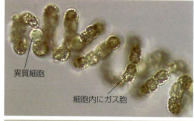

異質細胞
細胞内にガス胞

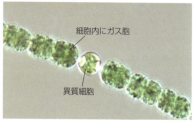

細胞内にガス胞
異質細胞

■ネンジュモ目　アナベノプシス属　*Anabaenopsis* ★★

ドリコスペルマム属に似るが異質細胞は2個がならんでつくられ、そこで細胞糸が切れるため、ふつう両端に1個ずつ異質細胞がある。

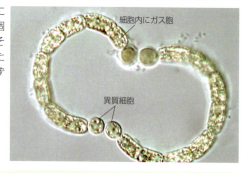

細胞内にガス胞
異質細胞

■ネンジュモ目　クスピドスリックス属　*Cuspidothrix* ★★

無分枝糸状体。細胞間はあまりくびれない。両端に向けて細くなり、先端は細長く毛状。細胞は直径2～5μm、ガス胞をもつ。細胞糸の途中に円筒状の異質細胞がある。浮遊性でときに大増殖する。

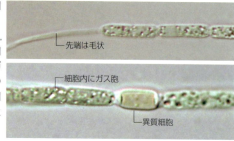

先端は毛状
細胞内にガス胞
異質細胞

■ネンジュモ目 **アファニゾメノン属** *Aphanizomenon* ★★

無分枝糸状体, ふつう多数が集まって束状になっている。細胞は直径 2〜7 μm, ガス胞をもつ。細胞糸の途中に円筒状の異質細胞がある。藍藻毒をつくるものもいる。浮遊性でときに大増殖する。

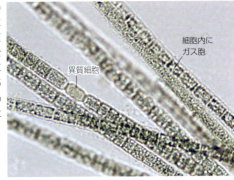

コラム 藍藻と窒素固定

　窒素はタンパク質やDNAに含まれており, すべての生物に必須の元素です。そして空気の78％は窒素ガスです。ところが, 私たちや陸上植物を含むすべての真核生物は窒素ガスを利用できません。窒素ガスをアンモニアなど利用可能な形に変換する反応は窒素固定とよばれ, 一部の原核生物のみが行うことができます。藍藻の中にもこの窒素固定ができる種が多く含まれています。酸素があると窒素固定が阻害されるので, 藍藻は光合成と窒素固定を分けて行っています。一部の種では昼間に光合成を行い, 夜間に窒素固定を行います。またネンジュモ目では, 異質細胞という窒素固定用の特別な細胞をつくります (下写真)。異質細胞内では酸素をつくる光合成を行わず, また酸素を通さない厚い壁で囲まれているため, 別の細胞が光合成を行っている間も窒素固定を行うことができます。

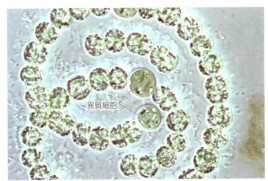

ドリコスペルマム属にみられる異質細胞

真核生物

細胞内でDNAが膜で包まれて核を形成している。他にもミトコンドリアやゴルジ体のような細胞小器官をもつ複雑な細胞からなる。単細胞から多細胞のものまであり，私たち動物や菌類，陸上植物，さまざまな原生生物を含む。最近の研究から，7つの大きなグループ（アーケプラスチダ，アルベオラータ，ストラメノパイル，リザリア，エクスカバータ，アメーボゾア，オピストコンタ），およびどれにも属さないいくつかのグループからなることが示されている。

真核生物の主なグループの関係を示した系統樹
私たちに身近な陸上植物，菌類，動物は，真核生物全体の中ではごく一部にすぎない。

アーケプラスチダ（古色素体類）

太古に共生した藍藻に由来する葉緑体をもつグループ。葉緑体は2重膜で囲まれる。ほとんどが光合成を行うが，二次的に光合成能を失ったものもいる（ラフレシアなど）。灰色植物，紅色植物，緑色植物の3群からなる。

【灰色植物門（灰色藻）】

葉緑体は藍藻によく似た青緑色（"灰色"の名の由来）をしており，昔は藍藻が細胞内共生したものであると考えられていた。確かにこの構造は共生藍藻に起源するが，現在では他の生物の葉緑体も同じ起源をもつことが明らかとなっている。ただし葉緑体としては原始的な特徴を残しており，例えば葉緑体は藍藻の細胞壁と同じ成分で囲まれている。すべて淡水産，稀。

シアノフォラ（原始的な葉緑体をもっています）

■ グラウコキスティス目　**グラウコキスティス属**　*Glaucocystis*　★★

基本的に単細胞不動性だが複数の細胞が母細胞壁で囲まれた群体を形成することもある。細胞は楕円形，長径約20μm，明瞭な細胞壁をもつ。青緑色の葉緑体は棒状，細胞内で放射状に集まっている。底生性。

【紅色植物門（紅藻）】

海苔（アマノリ）や寒天の原料となるテングサ，刺身のつまに使われるトサカノリなど身近な海藻を含むグループ。多くは多細胞性で海産であるが，単細胞性のものや淡水に生育するものもいる。光合成色素としてふつう青いフィコシアニンと赤いフィコエリスリンをもち，特に後者が多いため赤色のものが多いが，中には赤い色素を欠くため青緑色をしている種もいる。

チノリモ（赤い色素があるよ）　シアニディオシゾン（例外もいます）

■ イデユコゴメ目　**イデユコゴメ属**　*Cyanidium*　★★★

単細胞不動性。細胞は球形，直径1.5〜6μm，薄い細胞壁で覆われる。葉緑体は1個，青緑色。細胞内に胞子をつくって増殖する。群馬県の草津温泉など酸性温泉に生育し（アルカリ性温泉では藍藻が優占），岩などの表面に青緑色のマットを形成する。

真核生物　アーケプラスチダ（古色素体類）　【灰色植物門（灰色藻）】■灰色藻綱　【紅色植物門（紅藻）】■イデユコゴメ綱

【緑色植物亜界（緑藻＋陸上植物）】

　クロロフィルaに加えてbをもち，葉緑体は緑色をしている。葉緑体内にデンプンを貯めるという他には見られない特徴をもつ。陸上植物（コケ，シダ，種子植物）とともに緑藻を含む大きなグループであり，単細胞性のものから群体性，糸状性，複雑な多細胞性など体につくりは多様。緑藻の中でも特にサヤゲモ綱やホシミドロ綱は陸上植物に近縁。淡水では緑藻綱やトレボウクシア藻綱に属する微細藻が特に多く見られる。

■ネフロセルミス目　**ネフロセルミス属**　*Nephroselmis*　★★

単細胞鞭毛性。細胞は豆型で扁平，長さ5～15 µm，側面から2本の鞭毛が生じて前後へ伸びている（停止時には，鞭毛が細胞に巻きついていることもある）。葉緑体は緑色，1個，ピレノイドをもつ。前鞭毛の基部付近に眼点がある。浮遊性。

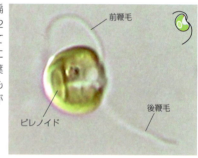

■クロロデンドロン目　**テトラセルミス属**　*Tetraselmis*　★★

単細胞鞭毛性。細胞は楕円形でやや扁平，長さ10～20 µm，薄い細胞壁で覆われる。頂端にくぼみがあり，そこから4本の等長鞭毛が伸びている。葉緑体は緑色，1個，ピレノイドをもつ。細胞側面に目立つ眼点をもつ。浮遊性，海に多いが，淡水でもときに大増殖する。

■ オオヒゲマワリ目 **コナミドリムシ属（クラミドモナス属）** *Chlamydomonas* ★

単細胞鞭毛性だが, 鞭毛を失って不動性でいることもある。細胞は球形, 楕円形, 卵形など多様であり, ふつう長さ10〜40μm, 細胞壁で包まれる。細胞頂端から2本の等長鞭毛が生じている。葉緑体は1個で緑色, 1個〜多数のピレノイドをもつ。ふつう細胞側面に眼点がある。非常に多くの種を含むが, 系統的にはひとまとまりではなく, 多数の属に分けられることになるだろう。ふつう浮遊性。

ピレノイドがあります

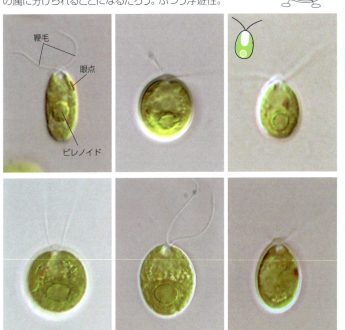

鞭毛 / 眼点 / ピレノイド

■ オオヒゲマワリ目 **クロロモナス属** *Chloromonas* ★★

コナミドリムシ属に酷似しているが, ピレノイドを欠く。浮遊性。高山などの雪中に生育し, 融雪期に赤い色素（カロテノイド）を大量にためた耐久細胞を形成して雪を赤く染める種もいる。

鞭毛 / 眼点

真核生物　アーケプラスチダ（古色素体類）【緑色植物亜界（緑藻＋陸上植物）】■緑藻綱

31

■オオヒゲマワリ目 カルテリア属 *Carteria* ★★

コナミドリムシ属に似るが、鞭毛は4本。浮遊性。系統的にひとまとまりではないことが示されている。

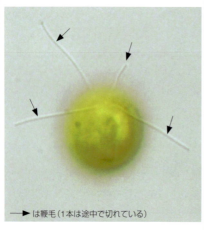

→ は鞭毛(1本は途中で切れている)

眼点
ピレノイド

■オオヒゲマワリ目 ヤリミドリ属 *Chlorogonium* ★★

コナミドリムシ属に似るが、細胞は細長い紡錘形(長さ20〜80μm)、両端が尖る。2個〜多数のピレノイドをもつ。近年複数の属に分けられた。浮遊性。

核
ピレノイド

■オオヒゲマワリ目 アカヒゲムシ属 *Haematococcus* ★★

コナミドリムシ属に似るが、厚い細胞壁で包まれ、細胞から放射状に伸びた原形質糸がこの壁を貫いている。ときに抗酸化作用のある色素(アスタキサンチン)を大量に蓄積して細胞が赤くなり、商業的に利用されることがある。浮遊性、墓の水鉢を赤く染めていることもある。

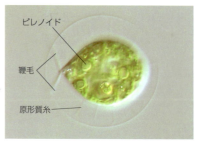

ピレノイド
鞭毛
原形質糸

■オオヒゲマワリ目　**ビトレオクラミス属**　*Vitreochlamys*　★★

コナミドリムシ属に似るが、厚い細胞壁で包まれる。浮遊性。系統的にひとまとまりではないことが示されている。

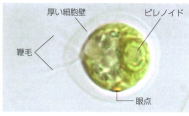

■オオヒゲマワリ目　**ロボモナス属**　*Lobomonas*　★★

コナミドリムシ属に似るが、所々に突起をもつ細胞壁で包まれる。浮遊性。

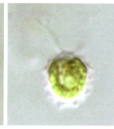

■オオヒゲマワリ目　**プテロモナス属**　*Pteromonas*　★★

コナミドリムシ属に似るが、左右が張り出して翼状になった細胞壁で包まれる。浮遊性。

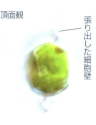

■オオヒゲマワリ目　**ディスモルフォコックス属**　*Dysmorphococcus*　★★

コナミドリムシ属に似るが、鉄が沈着した（そのためふつう茶褐色）ゆるい殻（ロリカ）で包まれる。細胞頂端から生じる2本の鞭毛の根元はやや離れている。浮遊性。

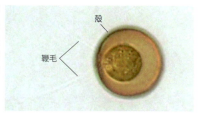

■オオヒゲマワリ目　シアワセモ属　*Tetrabaena* ★★

鞭毛性群体, 直径20〜50 µm。4個のコナミドリムシ属様の細胞が側部で接着している（"四合わせ"）。各細胞は楕円形, 細胞壁で包まれ, 頂端から2本の鞭毛が生じている。葉緑体は1個, 眼点とピレノイドを1個もつ。浮遊性。

■オオヒゲマワリ目　ヒラタヒゲマワリ属　*Gonium* ★★

板状の鞭毛性群体, 直径70〜100 µm。8, 16または32個のコナミドリムシ属様の細胞が側面で接着している。各細胞が細胞壁で包まれ, 頂端から2本の鞭毛が生じている。葉緑体は1個, 眼点と1〜多数のピレノイドをもつ。浮遊性。

平板状群体

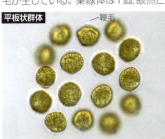

■オオヒゲマワリ目　カタマリヒゲマワリ属（クワノミモ属）　*Pandorina* ★

楕円形の鞭毛性群体, ふつう長径20〜70 µm。16または32個の細胞が放射状に密に集合している。各細胞はくさび形, 細胞壁で包まれ, 頂端から2本の鞭毛が生じている。葉緑体は1個, 眼点と1〜多数のピレノイドをもつ。すべての細胞がそれぞれ娘群体を形成する。浮遊性。

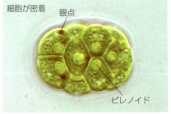

■オオヒゲマワリ目　タマヒゲマワリ属　*Eudorina* ★★

球形〜楕円形の鞭毛性群体，直径60〜200μm。ふつう16または32個の細胞が群体表層に分布し（前方の細胞が若干小さいこともある），共通の細胞壁で包まれる。各細胞は頂端から生じる2本の鞭毛をもつ。葉緑体は1個，眼点と1〜多数のピレノイドをもつ。すべての細胞がそれぞれ娘群体を形成する。浮遊性。

■オオヒゲマワリ目　ヒゲマワリ属　*Pleodorina* ★★★

球形〜楕円形の鞭毛性群体，直径150〜300μm。32,64または128個の細胞が群体表層に分布し，共通の細胞壁で包まれる。群体前方には小型の栄養細胞，後方には大型の生殖細胞（娘群体を形成する細胞）がある。各細胞は頂端から生じる2本の鞭毛をもつ。葉緑体は1個，眼点と1〜多数のピレノイドをもつ。浮遊性。

■オオヒゲマワリ目　オオヒゲマワリ属　*Volvox* ★★★

球形の鞭毛性群体，直径0.25〜1mm。約500〜5000個の細胞が群体表層に分布し，共通の細胞壁で包まれる。群体全体には小型の栄養細胞が分布し，後方に大型の生殖細胞（娘群体を形成する細胞）がある。栄養細胞は頂端から生じる2本の鞭毛をもつ。葉緑体は1個，眼点と1〜多数のピレノイドをもつ。浮遊性。場所によってはふつうに見られるようだが，著者は数回しか見たことがない。

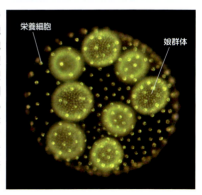

栄養細胞　娘群体

■オオヒゲマワリ目 **アステロコックス属** *Asterococcus* ★★

不動性で単細胞または寒天質で包まれた不定形の群体を形成する。細胞は球形〜楕円形,直径10〜40μm。葉緑体は緑色,星状で中央にピレノイドが存在する。浮遊性または底生性。

■所属不明 **トレウバリア属** *Treubaria* ★★

単細胞不動性。細胞は球形〜多角形,直径5〜20μm,細胞壁に覆われ,ふつう3〜4本の中空の刺をもつ。葉緑体は緑色,1個,ピレノイドをもつ。浮遊性。

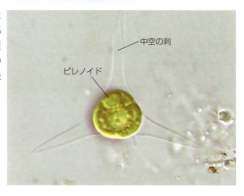

■所属不明 **ゴレンキニア属** *Golenkinia* ★

単細胞不動性。細胞は球形,直径10〜20μm。細胞壁で覆われ,長い刺が多数ある。葉緑体は1個,壺形のデンプン鞘で覆われたピレノイドを1個もつ。浮遊性。

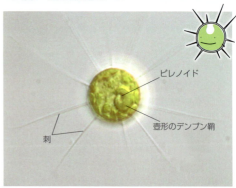

クンショウモの仲間

以下に示した緑藻は,以前はクンショウモ属にまとめられていた。しかし最近の研究からは,この広義のクンショウモ属はひとまとまりではないことが示されたため,多数の属に分割された。これらの緑藻はふつう4～32 (2 n) 個の細胞が一平面上に放射状に集まり,勲章のような形の定数群体を形成する (直径15～300 µm)。外縁の細胞には角があり,ときに角の先端から毛が伸びている。緑色の葉緑体を1個もち,明瞭なピレノイドが1個存在する。細胞間の隙間の有無,外縁の細胞の角の数,細胞壁表面の状態などが重要な分類形質。浮遊性,湖沼でふつうに見られるものが多い。

ヨコワミドロ目 フタヅノクンショウモ属 *Pediastrum* ★

細胞間に隙間がある。細胞は2本の角をもつ。細胞壁表面は平滑。よく似ているが細胞が細く隙間が大きいものはラクナストルム属 (*Lacunastrum*)。一般的な湖沼に極めて多い。

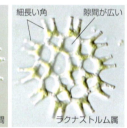

ヨコワミドロ目 クンショウモモドキ属* *Parapediastrum* ★★

細胞間に隙間がある。外縁の細胞は2本の角をもち,角の先端はさらに2つに分かれる。角は群体の平面から外れて伸びていることがある。細胞壁表面はわずかに顆粒状または平滑。

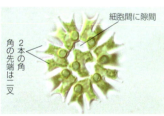

ヨコワミドロ目 サメハダクンショウモ属 *Pseudopediastrum* ★

ふつう細胞間に隙間はない。外縁の細胞はふつう2本の角をもち,角は群体の平面から外れて伸びていることがある。細胞壁表面は顆粒状。写真は顆粒状の細胞表面 (左) と細胞内部 (右) にそれぞれピントを合わせた同一個体の写真をつないだもの。

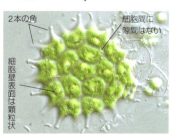

真核生物　アーケプラスチダ（古色素体類）

ヨコワミドロ目　**ヒトヅノクンショウモ属**　*Monactinus* ★

細胞間の隙間はふつう広いが，隙間のない種もいる。外縁の細胞は1本の角をもつ。細胞壁表面は平滑または顆粒状。

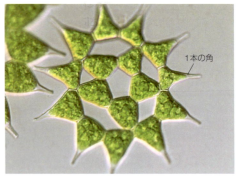

1本の角

【緑色植物亜界（緑藻＋陸上植物）】■緑藻綱

ヨコワミドロ目　**キレコミクンショウモ属**＊　*Stauridium* ★

細胞間に隙間はない。外縁の細胞にはふつう細い切れ込みがあり，その縁が角状になっている。

切れ込み

細胞間に隙間はない

■ヨコワミドロ目　**ソラスツルム属**　*Sorastrum* ★★

豆形，弓形，三角錐状などをした細胞（大きさ5〜20 μm）が4〜128個集合して球状の群体をつくる。葉緑体は1個，明瞭なピレノイドをもつ。浮遊性。

立体的な群体

ピレノイド

■ ヨコワミドロ目　アミミドロ属　*Hydrodictyon* ★★

細長い細胞が両端でつながって5〜6角形を単位とした網状の群体をつくり, 成長すると肉眼でも分かるほどの大きさになる(細胞長0.02〜10 mm)。葉緑体は網状, 多数のピレノイドをもつ。無性生殖時には, クンショウモ類と同様に, 各細胞内に親のミニチュア群体が形成される。水田などでときに多く見られる。

網状群体

■ ヨコワミドロ目　テトラエドロン属　*Tetraedron* ★

単細胞不動性。細胞は多面体, 直径5〜25 μm, しばしば角が突出する。葉緑体は 1 個, 明瞭なピレノイドをもつ。近縁なクンショウモ類は, 生活史の一時期に本属に似た細胞を形成する。浮遊性。

ピレノイド
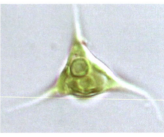

■ ヨコワミドロ目　ポリエドリオプシス属　*Polyedriopsis* ★★

単細胞不動性。細胞は多面体, 直径15〜25 μm, 角が突出し, その先端から数本の刺が生じている。葉緑体は1個, 明瞭なピレノイドをもつ。浮遊性。

刺
ピレノイド

イカダモの仲間

　以下に示した3属は，以前はイカダモ属にまとめられていた。しかし最近の研究から，この広義のイカダモ属はひとまとまりではないことが示されたため，複数の属に分割された。これらの緑藻はふつう4または8個の細胞（長径5〜35 μm）が1列または2列にならんで定数群体を形成する。各細胞は緑色の葉緑体を1個もち，明瞭なピレノイドが1個存在する。一般的な湖沼で極めてふつうに見られる。浮遊性。

ヨコワミドロ目　**トゲイカダモ属***　*Desmodesmus*　★

細胞壁は刺や特別な装飾をもつ。
非常に多くの種がある。

ヨコワミドロ目　ツノイカダモ属*　*Tetradesmus*　★

細胞の両端は尖っており,刺などの装飾を欠く。類似属にペクティノデスムス属（*Pectinodesmus*）があるが,形態的な区別は難しい。

ピレノイド

ヨコワミドロ目　マルイカダモ属*　*Scenedesmus*　★★

細胞は楕円形,刺などの装飾を欠く。類似属にコマシエラ属（*Comasiella*）があるが,形態的な区別は難しい。

ピレノイド

コラム　なぜ群体をつくるのか？

　藻類の中には,複数の細胞が集まった群体をつくるものが比較的多く見られます。特にイカダモのように特定の数の細胞が決まった配置で集まっているものを定数群体とよびます。細胞が集まってできていますが,単細胞のものが集まるのではなく,最初から群体として生まれます。ふつう群体をばらばらにしても問題なく増殖し,さらにイカダモなどでは試験管で培養していると群体をつくらず単細胞の状態で増えることが知られています。

　ではなぜ自然界では群体を形成するのでしょうか？　面白いことに,単細胞になってしまったイカダモにワムシやミジンコのような藻類を食べる動物を加える,またはそのような動物を培養していた液を加えると,イカダモは再び群体をつくるようになる（各細胞から群体が生まれる）ことが報告されています。このことは,イカダモがこのような動物が分泌した物質を感知して群体を形成することを示唆しています。群体は単細胞に比べて大きいため,少なくとも一部の動物に捕食されにくくなると考えられ,実際に群体の方が食べられにくいことが示されています。

■ ヨコワミドロ目　ウィレア属（*Willea*）の類似種　★★

4個の楕円形～豆形の細胞（直径5～15μm）が菱形に集まった単位が複数集合した群体。葉緑体は1個、ときに明瞭なピレノイドをもつ。以前はクルキゲニエラ属（*Crucigeniella*）に分類されていた。写真の種はふつうに見られるが、他の種とは違いがあり、別属に移されるものと思われる。浮遊性。

■ ヨコワミドロ目　ウェステラ属　*Westella*　★★

4個の球形細胞（直径5～10μm）が菱形に集まった単位が多数集合した群体。葉緑体は1個、明瞭なピレノイドをもつ。浮遊性。

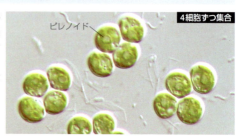

■ ヨコワミドロ目　コエラスツルム属　*Coelastrum*　★

4～64個の球形～卵形の細胞が球形に集まり、定数群体を形成する（直径20～100μm）。葉緑体は1個、明瞭なピレノイドをもつ。浮遊性。

■ ヨコワミドロ目　ハリオティナ属　*Hariotina*　★★

コエラスツルム属に似るが、隣接する細胞は細胞壁の棒状突起で結合している。浮遊性。

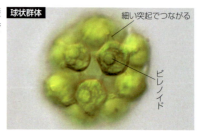

■ ヨコワミドロ目　**ディモルフォコックス属**　*Dimorphococcus* ★★

やや曲がった棒状の細胞（長さ10〜20 μm）が基本的に4個ずつ集まって定数群体を形成する。葉緑体は1個、明瞭なピレノイドをもつ。浮遊性。

ピレノイド

■ ヨコワミドロ目　**モノラフィディウム属**　*Monoraphidium* ★

細胞は針状（ときにわん曲）、長さ5〜150 μm、単細胞性。娘細胞は母細胞中で互い違いに配列している。葉緑体は1個、ピレノイドは不明瞭。浮遊性。

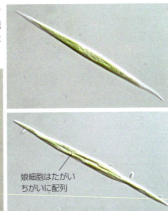

娘細胞はたがいちがいに配列

■ ヨコワミドロ目　**アンキストロデスムス属**　*Ankistrodesmus* ★

モノラフィディウム属に似るが、多数の細胞が束状に集合して群体を形成する。娘細胞は母細胞中で平行に配列している。葉緑体は1個、ピレノイドは不明瞭。浮遊性。イトクズモともよばれるが、同じ和名の水草があるので注意。右写真の種は最近メッサスツルム属（*Messastrum*）に移された。

■ ヨコワミドロ目　**ムレミカヅキモ属**　*Selenastrum*　★★

細胞は三日月形, 長さ15〜50 µm, 背面どうしで接着して群体を形成する。葉緑体は1個, ときにピレノイドは不明瞭。浮遊性。

背面どうしで接着

■ ヨコワミドロ目　**クアドリグラ属**　*Quadrigula*　★★

細胞は針状, 長さ10〜30 µm, 4細胞からなる束が粘質基質中で平行に集合して群体を形成する。葉緑体は1個, ピレノイドは不明瞭。浮遊性。

■ ヨコワミドロ目　**キルクネリエラ属**　*Kirchneriella*　★★

細胞は三日月〜半月形, ふつう長さ5〜20 µm, 多数が粘質基質中に散在した群体を形成する。葉緑体は1個, ときにピレノイドは不明瞭。浮遊性。

 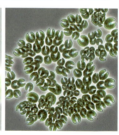

■ ヨコワミドロ目　**テトララントス属**　*Tetrallantos*　★★

細胞はソーセージ形, 長さ10〜25 µm, 端どうしで接着して群体を形成する。葉緑体は1個, ピレノイドは不明瞭。浮遊性。

端で接着

■ ヨコワミドロ目　**ミコナステス属**　*Mychonastes*　★★

細胞は小さく球形, 直径 1～10 μm, ときに多数が集合して不定形の群体を形成する。葉緑体は1個, ピレノイドを欠く。浮遊性。

■ ヨコワミドロ目　**シュロエデリア属**　*Schroederia*　★★

単細胞性。細胞は紡錘形 (ときにわん曲), 長さ 30～200 μm, 両端が針状の突起になる。葉緑体は1～多数, 明瞭なピレノイドをもつ。類似属がいくつかあり分類が難しい。浮遊性。

■ ヨコワミドロ目　**カラキウム属**　*Characium*　★★

単細胞性。細胞は楕円～紡錘形, 長さ 10～45 μm, ふつう柄で基物に付着している。葉緑体は板状, 1個, ピレノイドをもつ。系統的に多様な種を含んでおり, 別属として異なる目や綱に移されたものもあるが, 光顕観察でこれらを区別するのは難しい。また全く異なる生物群において類似した形態をもつものもいる (p. 70, 72)。付着性。

■ サヤミドロ目　**サヤミドロ属**　*Oedogonium*　★

無分枝糸状体, 直径 5～50 μm。細胞のつなぎ目付近に鞘状構造がある。葉緑体は網状で多数のピレノイドをもつ。非常に多くの種が含まれる。同じ仲間のブルボカエテ属 (*Bulbochaete*) は分枝し, 先端に長い刺状細胞がある。一端で基物に付着しているが, 切り離されて漂っていることも多い。

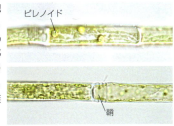

真核生物　アーケプラスチダ (古色素体類)　【緑色植物亜界 (緑藻+陸上植物)】　■ 緑藻綱

■カエトフォラ目　アファノカエテ属　*Aphanochaete* ★★

疎に分枝する糸状体，直径5〜15μm。全体で他の藻類や水生植物の表面に付着している。基部が膨らんだ長い刺をもつ。葉緑体は1個，1〜多数のピレノイドをもつ。

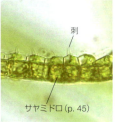

■カエトフォラ目　ウロネマ属　*Uronema* ★★

無分枝糸状体，直径5〜10μm。先端の細胞は尖る。基部には付着器がある。葉緑体は1個，1個〜多数のピレノイドをもつ。着生性。

■カエトフォラ目　スチゲオクロニウム属　*Stigeoclonium* ★★

分枝糸状体，直径5〜20μm。枝の先端はしばしば長い突起になる。基部には付着器がある。葉緑体は1個，1〜多数のピレノイドをもつ。類似属のツルギミドロ属（*Draparnaldia*）では主軸と枝が明瞭に分化している。着生性。

■アオサ目　トゲナシツルギミドロ属　*Cloniophora* ★★

分枝糸状体，直径10〜35μm。枝の先端は尖らない。基部には仮根がある。葉緑体は1個，1〜多数のピレノイドをもつ。スチゲオクロニウム属などに似るが，全く縁遠いことが最近明らかになった。着生性。

■ クロレラ目　**クロレラ属**　*Chlorella* ★★

細胞は球形, 直径2～10 μm, ふつう単細胞性だが集塊を形成することもある。葉緑体は1個, ピレノイドを1個もつ。浮遊性または他の生物 (繊毛虫, 太陽虫など) に共生。健康食品などに用いられることもある。古くは多数の種が含まれていたが, 現在はDNAの情報などに基づいて多数の属に分けられており, これらを顕微鏡観察で同定するのは難しい。

よく似たなかまがたくさんいます

ピレノイド

■ クロレラ目　**ミクラクチニウム属**　*Micractinium* ★

細胞は球形, 直径5～15 μm, ふつう不規則な (ときに菱形や三角錐状の) 群体を形成する。ふつう長い針状突起をもつが, これはワムシ (p. 122～127) の分泌物を感知して形成されることが知られており, おそらく防御に用いられている。葉緑体は1個, ピレノイドを1個もつ。浮遊性。

刺
ピレノイド

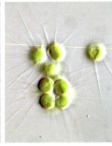

■ クロレラ目　**クルキゲニア属**　*Crucigenia* ★★

細胞は亜球形で4細胞が集まって群体 (直径15～30 μm) を形成し, さらにこれが集まっていることもある。葉緑体は1個, ピレノイドを1個もつ。浮遊性。

ピレノイド

■ クロレラ目　**ディクティオスファエリウム属** *Dictyosphaerium* ★

細胞は楕円形, 直径1〜10 μm, 複数の細胞が糸状構造 (親の細胞壁の残り) によって結びつき, さらに粘液質に包まれて群体を形成する。葉緑体は1個, ピレノイドを1個もつ。最近, 細胞が球形の種はムシドスファエリウム属 (*Mucidosphaerium*) に分けられた。浮遊性。

■ クロレラ目　**アクチナスツルム属** *Actinastrum* ★

細胞は棒状〜紡錘形, 長さ7〜40 μm, 一端で互いに接着して放射状の群体を形成する。葉緑体は1個, ピレノイドを1個もつ。浮遊性。

■ クロレラ目　**オオキスティス属** *Oocystis* ★

細胞は紡錘形〜楕円形, 長さ5〜50 μm, 細胞壁に覆われ, 両端が肥厚することがある。単細胞性または数細胞が母細胞壁内にとどまって群体を形成する。葉緑体は1〜数個, ときにピレノイドをもつ。浮遊性。

■ クロレラ目 **ラゲルヘイミア属** *Lagerheimia* ★★

オオキスティス属に似るが,両端(ときに中央)から針状突起が生じている。浮遊性。

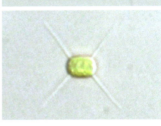

刺
ピレノイド

■ クロレラ目 **プランクトネマ属** *Planctonema* ★★

無分枝糸状体,直径2～6μm,円筒形,つなぎ目部分の細胞壁が厚くなっているため,細胞間は離れて見える。葉緑体は1個,ときにピレノイドをもつ。浮遊性。

細胞が離れて配置

■ クロレラ目 **テトラスツルム属** *Tetrastrum* ★★

4個の細胞が十字状に密接して群体(直径5～20μm)を形成する。細胞は扁平,細胞壁で覆われ,群体の外縁部に1～数本の針状突起をもつ。葉緑体は1個,ピレノイドをもつ。浮遊性。

刺
ピレノイド

■ミクロタムニオン目　ミクロタムニオン属　*Microthamnion* ★★

分枝糸状体,基部で基物に付着している。各細胞の末端付近で分枝する。細胞は円筒形で直径2〜5 μm,先端は丸い。葉緑体は1個,ピレノイドを欠く。付着性。

各細胞の末端で分枝

■ボトリオコックス系統群　ボトリオコックス属　*Botryococcus* ★★

多数の細胞が密集してブドウの房状の群体を形成する。各細胞は楕円〜円錐状,長さ5〜10 μm。葉緑体は1個,ピレノイドは不明瞭。カロテノイド(赤い色素)を貯めて赤くなることもある(右写真)。多量の油を産生するため,バイオ燃料源として近年注目されている。浮遊性でときに多い。

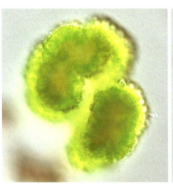
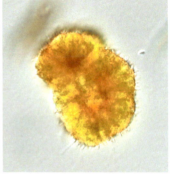

■ボトリオコックス系統群　レンマーマンニア属　*Lemmermannia* ★★

三角形〜台形の細胞が4個くっついて四角形の単位を形成し(直径10〜15 μm),ときにそれが集まって複合群体を形成する。葉緑体は1個,ピレノイドを欠く。浮遊性。

複合群体

■ メソスティグマ目　メソスティグマ属　*Mesostigma*　★★

単細胞鞭毛性。細胞は扁平で座布団状、長さ15〜20 μm、中央から2本の等長鞭毛が生じている。細胞は大きな鱗片で覆われており、光顕でも確認できる。葉緑体は1個、ふつう2個のピレノイドをもつ。鞭毛の付け根付近に大きな眼点がある。浮遊性。

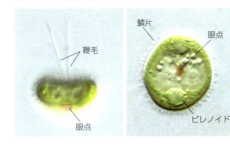

■ カエトスファエリディウム目　カエトスファエリディウム属　*Chaetosphaeridium*　★★

細胞は楕円形、直径10〜20 μm、数細胞が密集している（細い無色の細胞でつながっている）。細胞壁に覆われ、基部に鞘がある長い刺状突起をもつ。葉緑体はピレノイドをもつ。付着性。

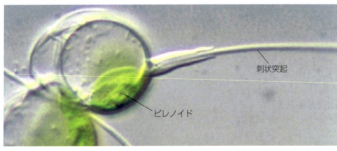

■ サヤゲモ目　サヤゲモ属　*Coleochaete*　★★

分枝糸状体、ときに枝が密着して盤状になる。細胞径10〜50 μm。一部の細胞は基部に鞘がある長い刺状突起をもつ（写真には写っていない）。葉緑体はピレノイドをもつ。付着性。

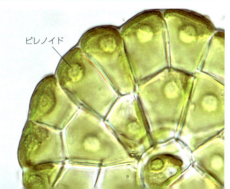

■アオミドロ目 **アオミドロ属** *Spirogyra* ★

無分枝糸状体、直径10〜250μm。細胞は円筒形で細胞壁に囲まれ、さらに粘液質を多くまとっているため手触りがぬるぬるしている。葉緑体はリボン状で細胞表層にらせん状に配置しており、多数のピレノイドをもつ。基本的に基部で基物に付着しているが、切り離されて浮遊していることもある。

らせん状の葉緑体
ピレノイド

コラム 接合藻

　ホシミドロ綱の緑藻は接合とよばれる特徴的な有性生殖を行うため、接合藻ともよばれます。細胞は特別な細胞に分化せずに直接接着、または接合管とよばれる管でつながり（下左）、2つの細胞質が融合して接合子（接合胞子）になります（下右）。

　接合子は過酷な環境に耐える細胞であり、水がなくなった水田の土の中でも生きのびることができます。そして条件が良くなると発芽し、新たな個体になります。アオミドロの仲間では、この接合の様式や接合子の形が重要な分類形質になっています。

接合管

接合子

■ ホシミドロ目　**ヒザオリ属**　*Mougeotia*　★

アオミドロ属に似るが葉緑体は板状, 多数のピレノイドをもつ。光の向きに応じて葉緑体の向きを変えることが知られている。

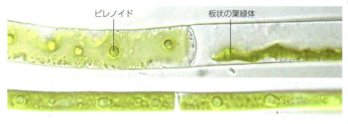
ピレノイド　　　　板状の葉緑体

■ ホシミドロ目　**ホシミドロ属**　*Zygnema*　★★

アオミドロ属に似るが, 中心にピレノイドをもつ星状葉緑体が2個ある。

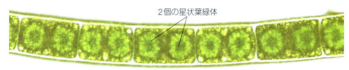
2個の星状葉緑体

■ チリモ目　**チリモ属**　*Desmidium*　★★

細胞が縦につながって（ときにねじれながら）帯状〜多角柱状の群体を形成し, ときに細胞間に小さな隙間がある。各細胞は幅20〜60 μm, 中央がややくびれることがある。細胞の頂面観は2〜5軸相称。各半細胞は1個の葉緑体をもち, 1個〜多数のピレノイドが存在する。各細胞の中央のくびれが大きいイトマキミドロ属（*Spondylosium*）, 各細胞が円筒形でくびれがほとんどないダルマオトシ属（*Hyalotheca*）など類似種がある。

■ チリモ目　**コウガイチリモ属**　*Pleurotaenium*　★★

単細胞不動性。細胞は細長い棒状, 長さ200〜600 μm, 中央でわずかにくびれる。葉緑体はリボン状で多数のピレノイドが存在する。細胞両末端に硫酸バリウムの結晶を含む構造がある。

真核生物 アーケプラスチダ（古色素体類） 【緑色植物亜界（緑藻＋陸上植物）】 ホシミドロ綱

■チリモ目　ミカヅキモ属　*Closterium*　★

単細胞不動性。細胞は細長く長さ40〜500 μm、ふつう三日月形だがほとんどわん曲していない針状の種もいる。細胞中心の核を挟んで上下に1個ずつの葉緑体をもち、多数のピレノイドが存在する。細胞両末端に硫酸バリウムの微細な結晶が存在し、ブラウン運動していることがある。

ピレノイド

先端部
硫酸バリウムの結晶

■チリモ目　アワセオオギ属　*Micrasterias*　★★

単細胞不動性。細胞は大型で扁平、長さ50〜300 μm、中央で大きくくびれ、明瞭な対称性を示す。各半細胞にも陥入部が複数あり、美しい形態を示す。各半細胞はふつう1個の葉緑体をもち、多数のピレノイドが存在する。

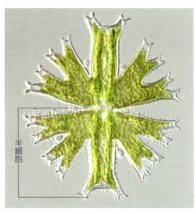

半細胞

■チリモ目　ツヅミモ属　*Cosmarium*　★

単細胞不動性。細胞は扁平, 長さ10〜200 μm, 中央でくびれ, 明瞭な対称性を示す。各半細胞は円形〜半円形で切れ込みはない。各半細胞はふつう1個の葉緑体をもち, ピレノイドが存在する。多くの種を含むが, 系統的にひとまとまりではないことが示されている。類似するが断面が円形でくびれが浅いものはアクチノタエニウム属 (*Actinotaenium*)。

ピレノイド

アクチノタエニウム属

■チリモ目　ホシガタモ属　*Staurastrum*　★

単細胞不動性。細胞は長さ15〜150 μm, 中央でくびれ, 明瞭な対称性を示す。頂面観は放射相称で2〜12か所突出する。各半細胞は1個の葉緑体をもち, 1個〜多数のピレノイドが存在する。多くの種を含むが, 系統的にひとまとまりではないことが示されている。

ピレノイド

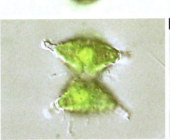

頂面観

コラム 広がる光合成能

　光合成とは光エネルギーを使って二酸化炭素を固定し，有機物（糖）をつくる反応です。多くの場合，この過程で水を分解するため，副産物として酸素が発生します（細菌の中には，酸素が発生しない光合成を行うものもいる。p. 20 参照）。この酸素発生型光合成能は，陸上植物はもちろん，さまざまな藻類に見られます。ところが系統的に見てみると，これらの藻類はたがいに縁遠い存在です。藍藻は原核生物である細菌の仲間ですし，真核生物の中でも，多くの場合，藻類はたがいに近縁ではありません（p. 28）。ではこれらの生物は独立に酸素発生型光合成能を獲得したのでしょうか？

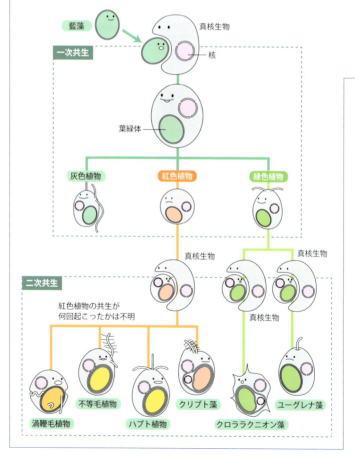

生命の長い歴史の中で，酸素発生型光合成能はただ1回しか生まれませんでした。その直接の子孫が藍藻（p. 21）です。やがて藍藻はある真核生物に取り込まれ，自立能を失い，取り込んだ細胞の一部へと変わっていきました（一次共生）。これが葉緑体です。

生物の歴史の中でこの一次共生もただ1回の現象であったと考えられており，その子孫が灰色藻（p. 29），紅藻（p. 29），緑色植物（p. 30）へと進化しました。その後，紅藻または緑藻が別の真核生物に取り込まれ，やがて葉緑体になってしまうという現象（二次共生）が起こりました。二次共生が何回起こったかはまだ明らかではありませんが，複数回起こったことは確実であり，紅藻を取り込んで渦鞭毛植物（p. 57）や不等毛植物（p. 64），ハプト植物（p. 114），クリプト藻（p. 112）が生まれ，緑藻を取り込んでクロララクニオン藻やユーグレナ藻（p. 100）が生まれました。このように酸素発生型光合成という機能は，何回もの細胞内共生を経てさまざまな真核生物へと広まっていったのです。

アルベオラータ（表層胞生物）

細胞表層に多数の扁平な袋があり，ふつう光顕では見えないが，渦鞭毛植物の一部ではこの袋の中にセルロースが詰まっているため板として認識できることがある。渦鞭毛植物や繊毛虫とともに，マラリア原虫などが属する寄生性の生物群（アピコンプレクサ）を含む。

【渦鞭毛植物門】

多くは単細胞鞭毛性。基本的に細胞を横に取り巻く溝（横溝）とそこから後方へ伸びる溝（縦溝）があり，それぞれに沿って鞭毛が伸びている。セルロース性の鎧板で構成された外被で覆われたものとこれを欠くものがいる。基本的に紅藻との二次共生に由来する橙褐色の葉緑体をもつが，他の藻類由来の葉緑体をもつものや，葉緑体を欠くものも多い。海に多いが，淡水でも時に多く見られる。

ディノフィシス　カレニア　アンフィディニウム

■ハダカオビムシ目　**ヌスットオビムシ属*** *Nusuttodinium* ★★

単細胞鞭毛性。細胞は菱形〜楕円形、長さはふつう20〜50 μm。自身の葉緑体はもたないが、クリプト藻を取り込み、一時的な葉緑体として使用する（学名のNusuttoは「盗人」で葉緑体を盗むことに由来する）。淡水産の種はふつう青緑色のアオカゲヒゲムシ（p. 113）を取り込む。ときに大増殖する。浮遊性。

横溝
縦溝

■ハダカオビムシ目　**ハダカオビムシ属** *Gymnodinium* ★★

単細胞鞭毛性。細胞は菱形〜楕円形、長さ10〜120 μm。細胞を取り巻く横溝と、そこから後端へ伸びる縦溝（ときに見にくい）がある。葉緑体は橙褐色、または欠く。浮遊性。

横溝

■ウズオビムシ目　**ウズオビムシ属** *Peridinium* ★★

単細胞鞭毛性。細胞は菱形〜球形、長さ20〜100 μm、セルロース性の板（鎧板（よろいばん））からなる殻で覆われる。正確に同定するためには鎧板の配列パターンを観察する必要がある。葉緑体は橙褐色。ときに大増殖する。浮遊性。

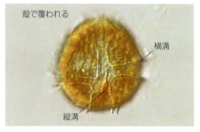

殻で覆われる
横溝
縦溝

■ヨロイオビムシ目　**ツノオビムシ属（ツノモ属）** *Ceratium* ★★

単細胞鞭毛性。長さ100〜450 μm、鎧板からなる殻で覆われる。ふつう前方に1本、後方に2本の角をもつ。葉緑体は橙褐色。多くは海産だが淡水種もおり、ときに大増殖する。浮遊性。

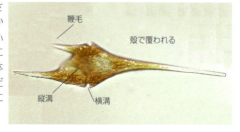

鞭毛
殻で覆われる
縦溝　横溝

【繊毛虫門】

　よく知られたゾウリムシなどを含む大きな生物群。単細胞生物としては最も複雑な細胞をもつ生物群の一つであり，ふつう多数の鞭毛（特に繊毛とよばれる）をもつ。繊毛は束になって脚のようになったり（棘毛（きょくもう）），横1列に並んで膜のようになっていることもある。多くは細菌や他の原生生物を捕食して生きている。

■異毛目　ラッパムシ属　*Stentor*　★★

ラッパ形の大きな繊毛虫（長さ0.2〜2 mm），伸縮性がある。全体に繊毛があり，特に先端の細胞口を取り巻く繊毛の運動によって細菌や藻類が運ばれ，それを食べる。底生性。

繊毛
体は伸縮

■ミズヒラタムシ目　ミズヒラタムシ属　*Euplotes*　★

細胞は扁平，楕円形で長さ30〜200 μm，背面は硬く甲羅状。細胞腹面には繊毛が束になった棘毛が複数あり，これを足のように動かして基質表面をはい回る。口を取り囲む領域は大きく前半部にある。藻類などを食べる。底生性。

口
棘毛
棘毛を足のようにしてはい回る

■ミズヒラタムシ目　メンガタミズケムシ属　*Aspidisca*　★★

ミズヒラタムシ属に似るが，口を取り囲む領域は細胞後半部にあり，小さい。底生性。

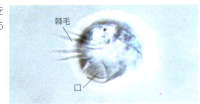

棘毛
口

■棘毛下綱　スティロニキア属（*Stylonychia*）の仲間　★

ミズヒラタムシ属に似て腹面に棘毛をもつが，細胞はより細長い。硬いものと硬くないものがいる。スティロニキア属，オキシトリカ属（*Oxytricha*）など多数の属があるが，分類は難しい。底生性。

棘毛
口

■カラムシ目　**スナカラムシ属**　*Tintinnopsis* ★★

砂粒などが付着した筒状〜壺形の殻の中に細胞が収まっている。よく似たフデツツカラムシ属（*Tintinnidium*）は殻がより柔軟。ふつう殻の開口部から繊毛で囲まれた口部をのぞかせているが、刺激によって急速に引き込む。浮遊性でときに多い。

ふつう口辺に条線がある

写真は2点とも殻のみ

■スポラドトリカ目　**ケナガコムシ属（オドリフデツツムシ属）**　*Halteria* ★★

細胞はほぼ球形、直径20〜50μm、前端に口があり、繊毛列で囲まれている。側面からは数本の細長い棘毛がまっすぐ伸びている。急停止・急発進を繰り返す。浮遊性。

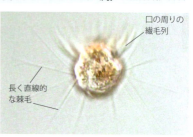

口の周りの繊毛列

長く直線的な棘毛

■シオミズケムシ目　**ヨロイミズケムシ属（タルガタゾウリムシ属）**　*Coleps* ★

細胞はたる型で長さ40〜100μm、前端に口がある。細胞表面は小さな四角い板で覆われている。大型の餌を食べ、多細胞生物の死骸に群がっていることもある。浮遊性〜底生性。

全体に繊毛

堅い板で覆われる

■フクロミズケムシ目　**フクロミズケムシ属**　*Bursaria* ★★

細胞は大型で長さ200〜1700μm。細胞前端がまっすぐ、そこから腹側に大きく切れ込みがあり口に至る。細胞全体に繊毛が生えている。他の繊毛虫などを捕食する。底生性。

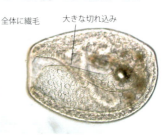

全体に繊毛　大きな切れ込み

■ クラミドドン目　**キロドネラ属**　*Chilodonella*　★★

細胞は扁平で卵形、長さ50〜300 μm。前端が片側に偏っている。全体に繊毛が生えている。細胞前半部腹側に口があり、繊維構造からなる短い筒（梁器（やなき））が付随する。

■ プレウロネマ目　**キクリディウム属**　*Cyclidium*　★

細胞は楕円形、長さ15〜40 μm。頂端部を除いて全体に長い繊毛がまばらに生えており、後端に特に長い繊毛が1本ある。細胞側面に口があり、長い繊毛からなる膜が付随する。よく似たウロネマ属（*Uronema*）はこの膜を欠き、プレウロネマ属（*Pleuronema*）は頂端部にも繊毛がある。急停止・急発進を繰り返す。浮遊性。

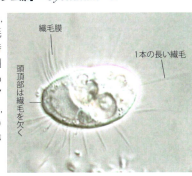

コラム　違う生物なのに同じ学名!?

　ある学名は、もちろんある1つの生物（生物群）だけの名前です。しかし、上記キクリディウム属に類似する繊毛虫であるウロネマ属の学名は、緑藻のウロネマ属（p. 46）と全く同じです（どちらも*Uronema*）。なぜこのようなことが起こるのでしょうか？　実は学名のつけ方などのルールを定めている「命名規約」は1つではなく、動物命名規約、植物命名規約（現在は藻類・菌類・植物命名規約）、原核生物命名規約の3つが存在します。これらの規約は互いに独立しており、異なる規約の間では同じ名前を使っても違法にはなりません（ただし現在ではなるべく避けるように勧告されてはいます）。上記の例では、それぞれ動物命名規約と植物命名規約に基づいているため、異なる生物が全く同じ学名をもつことになっています。このような例は、他にも少なくありません（p. 20）。

真核生物　アルベオラータ（表層胞生物）　【繊毛虫門】　貧膜口綱

■ ゾウリムシ目　**ゾウリムシ属**　*Paramecium*　★★

その名のように細胞は草履型をしており，長さ50〜300 µm，全体に繊毛が生えている。細胞腹側中央付近が凹んで口に続いている。細菌や藻類を捕食し，また緑藻を共生させている種もいる。底生性。

■ ゾウリムシ目　**クチサケミズケムシ属**　*Frontonia*　★★

細胞は楕円形〜卵形でやや扁平，長さ100〜600 µm，全体に繊毛が生えている。細胞表層には紡錘形の射出装置が多数ある。細胞前半部に口があり，大きな餌を取り込むときにはこれが広がる。底生性。

■ マユガタミズケムシ目　**マユガタミズケムシ属**　*Urocentrum*　★★

細胞は繭形で長さ40〜100 µm，中央がややくびれる。細胞後端に繊毛の束からなる突起がある。急停止・急発進を繰り返す。細菌や藻類を捕食する。浮遊性。

■ テトラヒメナ目　**テトラヒメナ属（ヒメエリミズケムシ属）**　*Tetrahymena*　★★

細胞は卵形〜涙滴形，長さ30〜100 µm，全体に繊毛が生えている。細胞前部に口があり，その軸は細胞長軸にほぼ平行。主に細菌を捕食し，また有機物を吸収して生きることもできる。実験生物として広く利用されている種を含む。底生性。

■周毛目 **ツリガネムシ属** *Vorticella* ★

長い柄の先に長さ30〜100μmほどの釣鐘型の細胞がついており，広がった部分にある繊毛の運動で餌を口へ引き寄せる。柄の中には収縮性の繊維があり，それによって柄は急にコイル状に収縮することがある。このとき細胞の広がった部分を引き込んで全体が丸まってしまう。類似属には収縮しない柄をもつものや枝分かれする柄をもつものもいる。細菌や藻類を食べる。付着性。

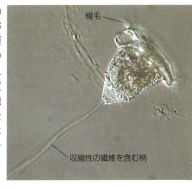

繊毛

収縮性の繊維を含む柄

■周毛目 **コスルニア属** *Cothurnia* ★★

壺形の殻の中に細長い細胞が収まっている。細胞分裂直後は殻に2細胞が入っていることもある。ツリガネムシのように細胞前端に繊毛に囲まれた口がある。殻は長さ50〜100μm，透明，短い柄で基物（糸状藻など）に付着している。殻が側面で直接基物に付着している類似属がいくつかある。付着性。

繊毛

殻は短い柄で付着

■周毛目 **ピクシコラ属** *Pyxicola* ★★

コスルニア属に似るが，口の脇に弁があり，細胞が殻の中に引っ込むとこれが殻の口を閉じる蓋になる。殻はときに褐色を帯びる。付着性。

弁　繊毛　　　　弁

真核生物　アルベオラータ（表層胞生物）　【繊毛虫門】　貧膜口綱

63

ストラメノパイル（不等毛類）

鞭毛をもつ細胞では，前に伸びる鞭毛に管状の小さな毛（光顕では見えない）が生えていることを特徴とする（ストラメノパイル＝ストロー状の毛）。葉緑体をもつ不等毛植物とともに，菌類のように栄養を吸収して生きるものや，動物のように食物を食べて生きるものもいる。

【不等毛植物門】

珪藻や褐藻（コンブなど）を含む大きなグループ。紅藻との二次共生に由来する葉緑体をもち，多くはフコキサンチンという色素を含むため黄褐色だが，フコキサンチンを欠くため緑色の葉緑体をもつグループもある。デンプン（α-グルカン）ではなく，水溶性のβ-グルカンを貯める。

■ 黄金色藻綱

■ モトヨセヒゲムシ目　ミノヒゲムシ属　*Mallomonas*　★

単細胞鞭毛性。細胞は楕円形，長さ10～60 μm，ガラス質の細かな鱗片（ときに刺が付随）で覆われる。細胞頂端からふつう1本の鞭毛が前方へ伸びている。葉緑体は黄褐色，1～2個。眼点を欠く。浮遊性。

鱗片で覆われる

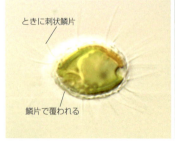

ときに刺状鱗片

鱗片で覆われる

細胞表面の鱗片にピントを合わせたもの

■ モトヨセヒゲムシ目　**モトヨセヒゲムシ属**　*Synura*　★★

鞭毛性群体。細胞は球形〜楕円形,長さ20〜50 μm,ガラス質の細かな鱗片で覆われる(見えにくいこともある)。細胞後端で互いに接着して球状〜楕円状の群体を形成する。細胞頂端から2本の亜等長鞭毛が前方へ伸びている。葉緑体は黄褐色,1〜2個。眼点を欠く。浮遊性。

■ パラフィソモナス目　**パラフィソモナス属**　*Paraphysomonas*　★

単細胞鞭毛性。細胞は球形〜楕円形,長さ5〜30 μm,ガラス質の鱗片(しばしば長い刺をもつ)で覆われているが,光顕では見えにくいことも多い。ときに細胞後端から生じた糸によって基物に付着する。細胞頂端から生じる長短2本の鞭毛をもつ。葉緑体が退化し,細菌や他の原生生物を捕食する。浮遊性または底生性。

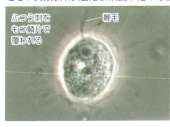

■ オクロモナス目　**スプメラ属(*Spumella*)の仲間**　★

単細胞鞭毛性。細胞は裸,球形〜楕円形,長さ5〜15 μm,ときに細胞後端から糸を出して基物に付着する。細胞亜頂端から生じる長短2本の鞭毛があり,長鞭毛は前方へ,短鞭毛は側方へ伸びている(短鞭毛は確認しづらいことも多い)。葉緑体が退化し,細菌などを捕食する。ときに眼点をもつ。浮遊性。

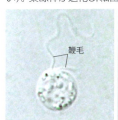

■オクロモナス目 **オクロモナス属** *Ochromonas* ★★

単細胞鞭毛性。細胞は裸，球形〜楕円形，長さ5〜30 μm。細胞亜頂端から生じる長短2本の鞭毛があり，長鞭毛は前方へ，短鞭毛は側方へ伸びている（短鞭毛は確認しづらいことが多い）。葉緑体は黄褐色，1個，眼点をもつ。光合成をするとともに細菌などを捕食する。浮遊性。

鞭毛が2本あります

眼点　鞭毛

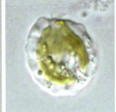

コラム 植物的かつ動物的生き方

よく知られているように，動物は食物を食べることによって，植物は光合成することによって，それぞれエネルギーを得ています（それぞれ従属栄養，独立栄養とよばれます）。ところが水中に生きる藻類の中には，光合成を行うとともに，細菌などを食べて生きるものがおり，特に黄金色藻綱や渦鞭毛藻綱の中にはそのような例が多く知られています。

オクロモナス属やサヤツナギ属は黄褐色の葉緑体をもち，光合成を行いますが，それとともに鞭毛によって水流を起こして細菌などを引き寄せ，それを取り込んで栄養にします。このような栄養様式は混合栄養とよばれ，水中の生態系において重要な役割を果たしています。さらにこれらの仲間の中には，光合成能を完全に失ってしまい，食べて生きることしかできなくなってしまったものも知られています（スプメラ属やカビヒゲムシ属）。つまりこれらの生物は，植物的に生きることをやめてしまった生物ということができます。

鞭毛

パラフィソモナス（P.65）は，鞭毛で起こした水流によって細菌（矢印）を引きよせ，細胞内に取り込む

■ オクロモナス目 **カビヒゲムシ属** *Anthophysa* ★

鞭毛性群体。柄の先端に, 放射状に集まった多数の細胞 (長さ3〜10 μm) が付いている。柄は基物に付着しており, 当初は無色だが, 後に鉄などが沈着して褐色を帯びることが多い。また群体が柄からはずれて遊泳していることもある。細胞は亜頂端から生じる長短2本の鞭毛をもつ。葉緑体が退化し, 細菌などを捕食する。底生性。

柄の先に多数の細胞

柄

■ オクロモナス目 **クスダマヒゲムシ属** *Uroglena* ★★

中空球形の鞭毛性群体。各細胞は球形〜楕円形, 長さ10〜20 μm, ふつう細胞後端が柄でつながっている。よく似た中空状の群体を形成するが細胞間がつながっていないものはニセクスダマヒゲムシ属 (*Uroglenopsis*)。細胞亜頂端から生じる長短2本の鞭毛をもつ。葉緑体は黄褐色, 1個, 眼点をもつ。光合成をするとともに細菌などを捕食する。浮遊性。

鞭毛
眼点
柄でつながる

中空状の群体

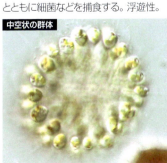

真核生物 ストラメノパイル(不等毛類) 【不等毛植物門】 黄金色藻綱

■オクロモナス目 サヤツナギ科 **サヤツナギ属** *Dinobryon* ★

鞭毛性群体。細胞は楕円形、瓶状の殻に収まっている。殻は長さ20〜100μm、後端で他の殻に接着して群体を形成している。細胞亜頂端から生じる長短2本の鞭毛をもつ。葉緑体は黄褐色、1個、眼点をもつ。光合成をするとともに細菌などを捕食する。浮遊性。

■クロムリナ目 **クリソコックス属** *Chrysococcus* ★★★

単細胞鞭毛性。細胞は球形〜楕円形、長さ3〜15μm、褐色の殻（ロリカ）で覆われる。細胞頂端から長短2本の鞭毛が生じ、長鞭毛は殻の孔から前方へ伸びているが、短鞭毛は光顕ではほとんど確認できない。葉緑体は黄褐色、1個、眼点をもつ。浮遊性。

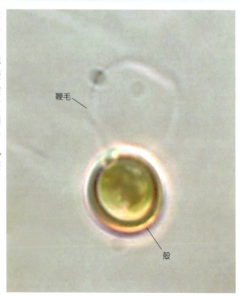

■ クロムリナ目 **クリソアメーバ属** *Chrysamoeba* ★★★

単細胞アメーバ性。細
胞は基物に付着し, 直
径5～20 μm, 細長く分
枝する糸状仮足を放射
状に伸ばしている。葉
緑体は黄褐色, 1個。付
着性。

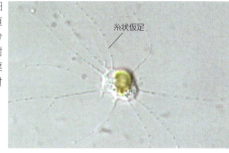

糸状仮足

■ クリソサックス目 **ヒカリモ属** *Chromophyton* ★★

単細胞鞭毛性または不動性。水中鞭毛細胞は楕
円形, 長さ約8 μm, 細胞亜頂端から生じる長短2
本の鞭毛をもつ (短鞭毛は非常に見にくい)。不
動期は (ときに複数細胞が) 外被で囲まれ, 柄で
水面に立っている。葉緑体は黄褐色, 1個。不動
期には光を反射するため水面が黄金色に輝くこ
とがある。浮遊または水表性。

コラム 黄金色に輝く水

生物の中には, 特に水面で生育するものがお
り, ニューストン (水表生物, 浮表生物) と総称さ
れます。ニューストンの中にはアメンボやウキ
クサのような大型生物もいますが, 微生物の中
にもそのような例があります。よく知られた例
がヒカリモであり, 不動期のヒカリモは外被に
包まれ, 短い柄で水面に立って生きています。

鞭毛期

上面観
側面観
不動期

ヒカリモはその名の通り美しく光ることで有
名ですが, 自ら発光しているわけではありません。浅い洞穴や薄暗い環境
では, 大量に浮いているすべての細胞が葉緑体を光の方向に対して直角に
し, 細胞がレンズとなって光が葉緑体に集まるようにします。おそらくその
反射光によって, その方向 (洞穴であれば入口側) から見ると水面が黄金色
に輝いて見えるのです。その美しさから天然記念物に指定されている例も
あります。ただし, 非常に珍しいというわけではなく, 思いがけない身近な場
所で見かけることもあります。そのような場所を注意深く探してみたら, も
しかしたらあなたも黄金色に輝く水面を見ることができるかもしれません。

真核生物 ストラメノパイル (不等毛類) 【不等毛植物門】 ■ 黄金色藻綱

■ クリソサックス目　**クリソピクシス属**　*Chrysopyxis* ★★

単細胞付着性。細胞は半円形の殻で覆われ，前端の開口部から糸状仮足を伸ばしていることがある。殻は直径10〜20μm，底面に2本の糸のような突起があり，これで糸状藻類に巻き付いている。葉緑体は黄褐色，1個。

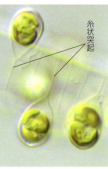

■ ファエオプラカ目　**ファエオプラカ属**　*Phaeoplaca* ★★★

多数の細胞が密着して1層の板状体を形成する。各細胞は四角形，直径5〜15μm，細胞壁に包まれる。黄褐色の葉緑体をもつ。糸状の藻類などに付着している。

■ ユースティグマトス目　**プセウドカラキオプシス属**　*Pseudocharaciopsis* ★★

単細胞不動性。細胞は紡錘形，長さ15〜20μm，一端が柄状になって基物（他の藻類など）に付着している。葉緑体は緑色，球形の突出形ピレノイドをもつ。カラキウム属（p. 45）やカラキオプシス属（p. 72）に類似する。

- ゴニオクロリス目 **ゴニオクロリス属** *Goniochloris* ★★

単細胞不動性。細胞は直径10～50 μm, 中央が隆起した三角形で角はときに突出する。細胞壁表面はときに顆粒状。葉緑体は緑色, 盤状, 複数。類似するが細胞が四面体のものはテトラエドリエラ属 (*Tetraedriella*)。浮遊性。

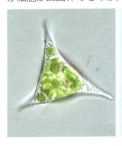

- ゴニオクロリス目 **プセウドスタウラストルム属** *Pseudostaurastrum* ★★

単細胞不動性。細胞は多角形で各頂点が突出し, さらに先端が分岐している。直径30～50 μm, 葉緑体は緑色, 盤状, 複数。浮遊性。

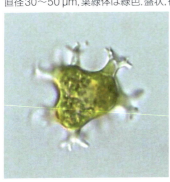
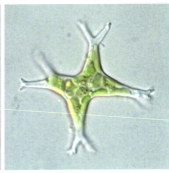

- ゴニオクロリス目 **トラキディスクス属** *Trachydiscus* ★★

単細胞不動性。細胞は中央が隆起した円盤状, 直径5～15 μm。細胞壁表面は顆粒状。葉緑体は緑色, 盤状, 複数。浮遊性。

真核生物 ストラメノパイル(不等毛類) 【不等毛植物門】 黄緑色藻綱

■ミショコックス目　カラキオプシス属　*Characiopsis*　★★★

単細胞不動性。細胞は紡錘形(ときに写真のようにわん曲),長さ15〜90 μm,ふつう一端が柄状になって基物(他の藻類など)に付着している。葉緑体は緑色,複数,ピレノイドを欠く。カラキウム属(p. 45)やプセウドカラキオプシス属(p. 70)に類似する。

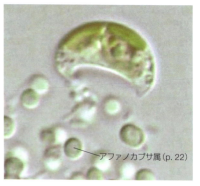

アファノカプサ属(p. 22)

■トリボネマ目　オフィオキチウム属　*Ophiocytium*　★★

単細胞不動性だがときに樹状群体を形成する。細胞は細長い円筒状でときにわん曲する。直径5〜20 μm,長さはさまざま。先端が丸く,ときに一端に針状突起をもつ。細胞壁は筒と蓋のような2つのパーツからなる。葉緑体は緑色,多数。底生または浮遊性。

■トリボネマ目　ケントリトラクツス属　*Centritractus*　★★

オフィオキチウム属に似るが,両端に針状突起をもち,浮遊性。

両端が針状

72

■トリボネマ目　**トリボネマ属**　*Tribonema* ★★

無分枝糸状体で直径5〜20 μm。細胞壁はH形のパーツからなり，1細胞が2個のパーツで包まれたものが縦に連なって糸状になる。葉緑体は緑色，多数。底生または浮遊性。

細胞壁はH形のパーツからなる

■ラフィドモナス目　**ゴニオストマム属**　*Gonyostomum* ★★

単細胞鞭毛性。細胞は楕円形で扁平，長さ40〜70 μm，頂端から2本の鞭毛が生じ，1本は前方へ，もう1本は後方へ伸びている。葉緑体は緑色，盤状，多数。棒状の射出装置が細胞表層全体に散在する。ときに大増殖する。浮遊性。

棒状の射出装置が散在

■ラフィドモナス目　**バキュオラリア属**　*Vacuolaria* ★★

単細胞鞭毛性。細胞は楕円形でやや扁平，長さ40〜80 μm，頂端から2本の鞭毛が生じ，1本は前方へ，もう1本は後方へ伸びている。葉緑体は緑色，盤状，多数。棒状の射出装置を欠くが，細胞表層に多数の顆粒がある。ときに大増殖する。浮遊性。

細胞表層に多数の顆粒

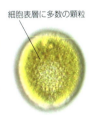

■ラフィドモナス目　**メロトリカ属**　*Merotricha* ★★★

単細胞鞭毛性。細胞は楕円形でやや扁平，長さ40〜70 μm，亜頂端側方から2本の鞭毛が生じ，1本は前方へ，もう1本は後方へ伸びている。葉緑体は緑色，盤状，多数。棒状の射出装置が細胞前部に多数密集する。ときに大増殖する。浮遊性。

細胞前部に棒状の射出装置が密集

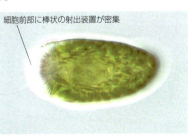

73

珪藻

不等毛植物の一群であり、ガラス質の細胞壁（被殻）をもつ。葉緑体はフコキサンチンを含むため黄褐色を呈する。淡水でも海水でも非常に多く、浮遊性のものも底生性のものもいる。水界で最も重要な生産者であり、地球上の光合成の1/4を担っているともいわれる。

ツツガタ
ケイソウ

■ タルケイソウ目　**タルケイソウ属**　*Melosira*　★

無分枝糸状体を形成するが細胞間の結合は弱い。細胞は円筒形、直径8〜80μm、被殻表面に顕著な模様はない。葉緑体は多数。付着性だが浮遊していることも多い。

■ タルケイソウ目　**スジタルケイソウ属**　*Aulacoseira*　★

多数の細胞が強固に結合して無分枝糸状体（ときにらせん状）を形成する。細胞は円筒形、直径3〜30μm、被殻表面に顕著な模様がある。葉緑体は複数。多くは浮遊性。湖沼でしばしば優占し、極めてふつう。

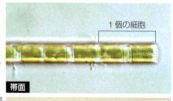

1個の細胞

殻の表面に点紋

コラム 珪藻の被殻

　珪藻の細胞壁は被殻とよばれ、ガラス質でできています。被殻は弁当箱のように上下の殻からできており、そのつなぎ目が帯片とよばれるバンドで取り巻かれています。被殻は基本的に箱の形をしているため、珪藻の形は上から見たとき（殻面）と横から見たとき（帯面）では全く異なる形をしていることが多く注意が必要です。またこの箱がねじれたり、アコーディオンのように広がっていることもあります。

　被殻、特に殻は微小な孔やそれが列に並んだ条線などによって装飾されており、珪藻を分類する際の重要な特徴になります。しかし生きている細胞を水に封入した状態では、光顕で見ても殻の模様がよく見えません（水中のガラスは見えにくい）。殻を細かく見るためには、パイプ洗浄剤などで殻だけを残し、水とは屈折率の異なる封入剤で封入する必要があります。詳しくは東京学芸大学の真山茂樹先生のウェブページが参考になります (http://www.u-gakugei.ac.jp/~mayama/diatoms/Diatom.htm)。この本にある白黒の写真はこのようにして作った試料の写真であり、細かい殻の模様を観察することができます。

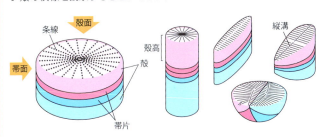

　珪藻はほとんどあらゆる水環境に生育していますが、種によって好む環境が異なっています。ですから、珪藻群集の構成は、その環境（例えば水の汚濁度）の良い指標になります。もちろんpHなどそれぞれの環境指標は、機器を用いて正確に測定できますが、珪藻（および他の生物）を用いることで生物に対する環境の状態を総合的に評価することができます。さらに珪藻の場合は殻として試料を半永久的に保存することができるので、その時の情報を残しておくことができます。

■ コアミケイソウ目 ヒトツメケイソウ属 *Actinocyclus* ★★

単細胞性。細胞は円筒形,ふつう殻高は低い。殻面は円形,条線は放射状で束出(平行に並んだ数本の条線の束が放射状に配列)。葉緑体は多数。多くは海産だが,一部は淡水産。ふつう浮遊性,ときに多い。

殻面 / 条線は束出

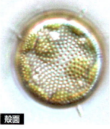
殻面

帯面

■ ニセコアミケイソウ目 ホネツギケイソウ属 *Skeletonema* ★★

細胞は円筒形,突起によってつながって糸状体を形成する。葉緑体は1〜多数。多くは海産だが,一部は淡水産。淡水種は被殻が薄く突起も不明瞭,小型(直径5μm程度)で糸状体も短く,見逃されやすい。浮遊性,ときに多い。

帯面

■ ニセコアミケイソウ目 ニセコアミケイソウ属 *Thalassiosira* ★★

単細胞または群体。細胞は円筒形,直径10〜35μm(淡水種),ふつう殻高は低い。殻面は円形でときにうねる。条線は放射状または線状。葉緑体は多数。ニセコアミケイソウ目の種は殻の孔から細い粘液糸を伸ばしていることがある。多くは海産だが,一部は淡水産。ふつう浮遊性。

殻面

殻面 / 粘液糸

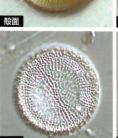
殻面

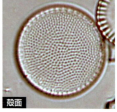
殻面

■ ニセコアミケイソウ目　**タイコケイソウ属**　*Cyclotella* ★

単細胞性。細胞は円筒形,直径3〜40 µm,ふつう殻高は低い。殻面は円形でときにうねる。条線は放射状で中心まで達せず,中心域に明瞭な模様はない。葉緑体は複数。浮遊性でときに優占し,極めてふつう。

条線は中央まで達しない
殻面

条線は中央まで達しない
殻面

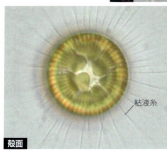
粘液糸
殻面

帯面
殻面

■ ニセコアミケイソウ目　**タイコトゲカサケイソウ属**　*Cyclostephanos* ★

タイコケイソウ属に似るが,条線は中心まで達する。またトゲカサケイソウ属（*Stephanodiscus*）にも類似しているが,光顕での区別は難しい。浮遊性でときに多い。

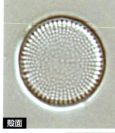
殻面

条線は中央まで達する
殻面

粘液糸
殻面

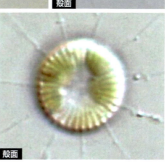
殻面

真核生物 ストラメノパイル（不等毛類） 【不等毛植物門】 珪藻綱

■ニセコアミケイソウ目　ホシノタイコケイソウ属　*Discostella*　★

タイコケイソウ属に似るが，中心域に放射状の模様がある。浮遊性でときに多い。

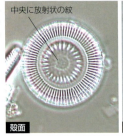
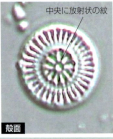

■ツノケイソウ目　マミズツツガタケイソウ属　*Urosolenia*　★★

単細胞性。細胞は細長い円筒形，直径4〜10 μm，両端は細長く尖る。被殻が非常に薄く，見逃されやすい。浮遊性，ときに多い。

■ツノケイソウ目　ジャバラケイソウ属　*Acanthoceros*　★★

単細胞性。細胞は細長い枕形，直径10〜40 μm，マミズツツガタケイソウ属を2個融合させたような形で，両端に2本の細長い突起がある。被殻が非常に薄く，見逃されやすい。葉緑体は複数。浮遊性，ときに多い。

■オビケイソウ目 **オビケイソウ属** *Fragilaria* ★

ふつう細長い細胞が殻面でつながって帯状の群体を形成するが,単体でいることもある。殻長10〜170 μm。殻の長軸に細い軸域があり,その両側に細い条線がある。ふつう無紋の中心域がある。縦溝を欠く。葉緑体は2個,それぞれ上下殻に面している。浮遊性または底生性。

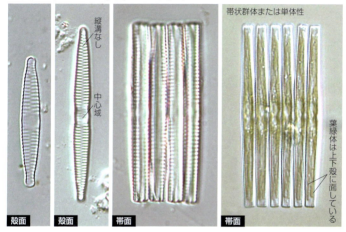

■オビケイソウ目 **ハリケイソウ属** *Ulnaria* ★

単体性だが,ときに殻の一端でたがいに付着した叢状群体(そうじょうぐんたい)。殻は細長く,長さ30〜250 μm,長軸に細い軸域があり,その両側に細い条線がある。ふつう無紋の中心域がある。縦溝を欠く。葉緑体は2個,それぞれ上下殻に面している。付着性または浮遊性。

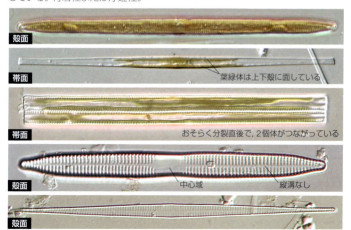

■オビケイソウ目　**オビジュウジケイソウ属**　*Staurosira* ★

細胞は小型, 殻面でつながって帯状の群体を形成する。殻は楕円形〜十字状, まれに三角形, 長さ5〜25μm, 長軸に比較的広い軸域があり, その両側に細い条線がある。縦溝を欠く。葉緑体は2個, 左右に面している。底生性。

帯状群体
帯面

帯状なので横から見ると扁平
帯面

軸域はやや広い
縦溝なし
殻面

殻面

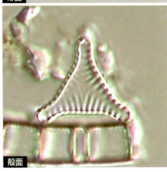
殻面

■オビケイソウ目　**オニジュウジケイソウ属**　*Staurosirella* ★

条線は太い
縦溝なし
殻面

殻面

オビジュウジケイソウ属に似るが, 条線は太い。また類似属としてニセオニジュウジケイソウ属 (*Punctastriata*) があるが, 正確に同定するためには電子顕微鏡での観察が必要。底生性。

ニセオニジュウジケイソウ属

殻面

殻面

帯状群体
帯面

■ オビケイソウ目　**ヒモガタオニジュウジケイソウ属**　*Belonastrum* ★★

細胞は小型, 殻の一端で互いに接着して放射状の群体を形成する。殻は細長い楕円状, 条線は太い。オニジュウジケイソウ属に含めることもある。浮遊性。

放射状群体 | 帯面

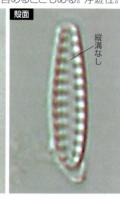
殻面　縦溝なし

■ オビケイソウ目　**ホカツキケイソウ属**　*Synedrella* ★★

細胞は小型 (長さ10〜25 μm), 一端で大型の珪藻 (コバンケイソウなど) に付着し, ときに放射状の群体を形成する。殻は楕円形〜紡錘形, 長軸に無紋の広い軸域があり, その両側に短い条線がある。縦溝を欠く。付着性。

放射状群体

大型の珪藻に付着　ときに放射状群体
ハダナミケイソウ (p. 91)

殻面

殻面　軸域が広い　縦溝なし

真核生物　ストラメノパイル (不等毛類)　【不等毛植物門】■ 珪藻綱

81

■ヌサガタケイソウ目 **ヌサガタケイソウ属** *Tabellaria* ★

細胞は一端でつながってジグザグ状の群体を形成する。殻長20〜120μm。帯面から見ると,隔壁が明瞭。葉緑体は黄褐色,多数。イタケイソウ属(*Diatoma*)もジグザグ状群体(または帯状群体)を形成するが,隔壁を欠き,殻面に肋がある。底生性。

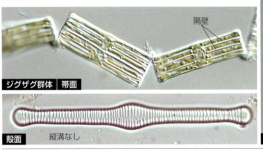

イタケイソウ属

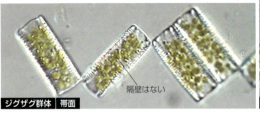

■ヌサガタケイソウ目 **ホシガタケイソウ属** *Asterionella* ★★

細胞は一端で互いに付着して星状の群体を形成する。殻は線形,長さ40〜130μm。殻面では両端がやや膨らみ,また上下にやや非対称。葉緑体は多数。浮遊性,ときに多い。

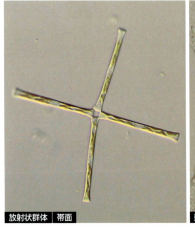

■イチモンジケイソウ目 **イチモンジケイソウ属** *Eunotia* ★

単細胞性、または殻面で付着して帯状群体を形成する。殻は左右非相称でふつう弓形、長さ10～300 μm、細い条線をもつ。縦溝は短く、側面にある。葉緑体はふつう2個でそれぞれ殻面に面している。底生性。

帯面

殻面

殻面

殻面

殻面 縦溝

縦溝 帯面

■クチビルケイソウ目 **クチビルケイソウ属** *Cymbella* ★

殻は左右非相称、長さ10～250 μm、中心に縦溝があり、縦溝両端は背側に曲がる。ときに中央付近腹側に小孔がある。葉緑体は黄褐色、1個、H形で背側にピレノイドがある。底生性、ときに細胞端から粘液質の柄を出して基物に付着する。

殻は左右に非対称 縦溝 縦溝 殻面

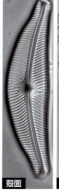
殻面

殻面

殻面

背側にピレノイド 粘液質の柄 殻面

真核生物 ストラメノパイル（不等毛類）【不等毛植物門】珪藻綱

■ クチビルケイソウ目　**ハラミクチビルケイソウ属**　*Encyonema* ★

クチビルケイソウ属に似るが、縦溝両端は腹側に曲がる。葉緑体の腹側にピレノイドがある。底生性。

腹側にピレノイド
殻面

殻は左右非対称
縦溝　末端は腹側に曲がる
殻面

殻面

殻面

殻面

■ クチビルケイソウ目　**クサビケイソウ属**　*Gomphonema* ★

殻は上下非相称、長さ10〜130μm、中心に縦溝がある。ときに中央付近に小孔がある。帯面観はくさび形。葉緑体は黄褐色、1個、H形で片側にピレノイドがある。底生性、ときに細胞端から粘液質の柄を出して基物に付着する。

殻は上下に非対称
殻面

殻面

縦溝
殻面

帯面ではくさび形
粘液質の柄
帯面

殻面

ピレノイド
殻面

■クチビルケイソウ目　マガリクサビケイソウ属　*Rhoicosphenia* ★★

殻は上下非相称，長さ10〜80μm，帯面観は"く"の字状に曲がったくさび形。片方の殻には典型的な縦溝があるが，もう一方の殻の縦溝は両端付近のみにある。葉緑体は黄褐色。細胞の一端で基物に付着する。

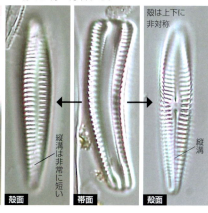

■クチビルケイソウ目　サミダレケイソウ属　*Anomoeoneis* ★★

殻は紡錘形〜楕円形，長さ50〜200μm，両端はときに突出する。中央に縦溝があり，条線は不揃いな点線状。葉緑体は黄褐色，1個，複雑に切れ込む。底生性。

■所属不明　ツメケイソウ属　*Achnanthes* ★★

殻は紡錘形，長さ10〜100μm，帯面では"く"の字状，ときに多数の細胞がつながって群体を形成。片方の殻には典型的な縦溝があるが，もう一方の殻は縦溝を欠く。条線は点線状。葉緑体は黄褐色，1個〜多数。殻面で，または柄で基物に付着する。

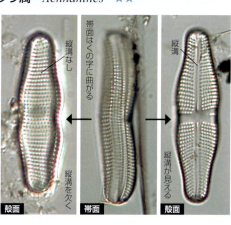

85

■ コメツブケイソウ目　ツメワカレケイソウ属　*Achnanthidium* ★

殻は楕円〜菱形，ツメケイソウ属と同様に，片方の殻にだけ縦溝があるが，より小型（長さ5〜30 μm）で条線も細かい。フトスジツメワカレケイソウ属（*Planothidium*）やツブスジツメワカレケイソウ属（*Karayevia*）など類似属が多い。付着性。

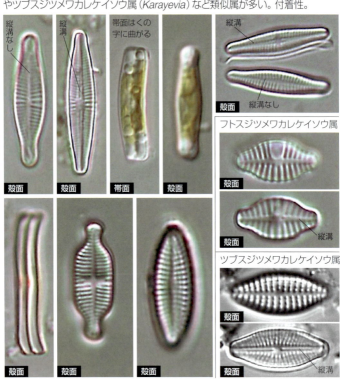

■ コメツブケイソウ目　**コメツブケイソウ属**　*Cocconeis* ★★

単体性。殻は楕円形，長さ10〜80 μm，2枚の殻は模様が異なり，片方の殻だけに縦溝がある。葉緑体は黄褐色，1個，C字形。殻面で基物に付着。

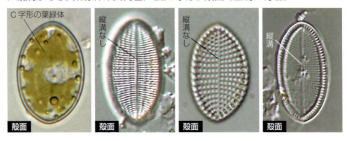

- フネケイソウ目　**ヒシガタケイソウ属**　*Frustulia*　★★

単体性、または粘液質チューブ内に多数の細胞が収まった群体を形成する。殻は菱形〜長楕円形、長さ40〜160 μm、中央に縦溝があり、その両側が肥厚して隆起線になる。条線は細かい格子状。葉緑体は黄褐色、左右に位置するが中央で細くつながる。底生性。

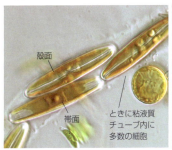
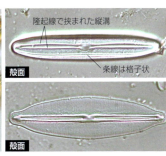

- フネケイソウ目　**サミダレモドキケイソウ属**　*Brachysira*　★★

単体性。殻は菱形、長さ10〜100 μm、ときに上下にやや非対称。中央に縦溝がある。条線は細かく点線状。葉緑体は黄褐色、1個。底生性。

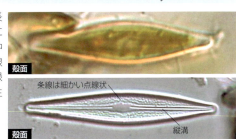

- フネケイソウ目　**ハスフネケイソウ属**　*Neidium*　★★

単体性。殻は長楕円形〜菱形、長さ10〜300 μm。中央に縦溝があり、上下の縦溝が中心で反対側に曲がることが多い。殻縁に縦線がある。条線は細かく点線状。葉緑体は黄褐色、4個、左右に2個ずつ位置する。底生性。

■ フネケイソウ目　ハネケイソウ属　*Pinnularia*　★

単体性。長さ10〜300 μm。殻は棒形〜長楕円形。中央に縦溝があり，中心の末端は広がる。条線は管状でふつう太く明瞭。葉緑体は黄褐色，2個，左右に位置する。条線が細いものをニセフネケイソウ属（*Caloneis*）として分けることもある。底生性。

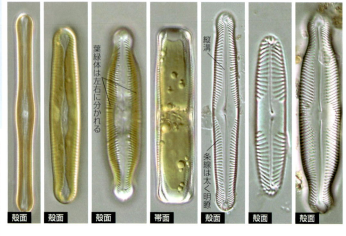

■ フネケイソウ目　エリツキケイソウ属　*Sellaphora*　★

ふつう単体性。殻は長楕円形〜菱形，長さ10〜100 μm。中央に縦溝がある。殻端はしばしば肥厚。条線は細いが明瞭。葉緑体は黄褐色，左右に位置し，中央で細くつながる。底生性。

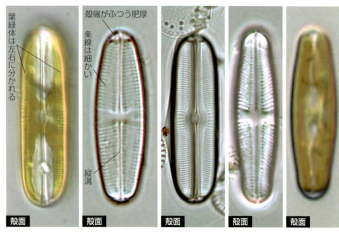

■ フネケイソウ目　**マユケイソウ属**　*Diploneis*　★★

単体性。殻は楕円形で強固,長さ10〜130 μm。中央に縦溝があり,その両側に特別な管状構造がある。条線は太く明瞭。葉緑体は黄褐色,2個,左右に位置する。底生性。

葉緑体は左右に2個
殻面

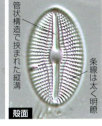
管状構造で挟まれた縦溝
条線は太く明瞭
殻面

■ フネケイソウ目　**エスジケイソウ属**　*Gyrosigma*　★★

単体性,長さ40〜250 μm。殻は細長い菱形でS字状。中央の縦溝もS字状。条線は細かく格子状。葉緑体は黄褐色,2個,左右に位置する。底生性。

葉緑体は左右に2個
殻面

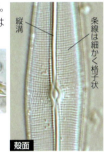
縦溝
条線は細かく格子状
殻面

■ フネケイソウ目　**フネケイソウ属**　*Navicula*　★

単体性。殻は長楕円形〜菱形,長さ10〜180 μm。中央に縦溝があり,中心の末端は広がる。条線は明瞭。葉緑体は黄褐色,2個,左右に位置する。古くは多数の種を含んでいたが,さまざまな属に分割された。底生性,極めてふつう。

葉緑体は左右に2個
殻面

殻面

縦溝
条線は明瞭
殻面

殻面

殻面

■ フネケイソウ目 **ガイコツケイソウ属** *Craticula* ★★

単体性。殻は菱形, 長さ10〜250 μm。中央に縦溝がある。条線は平行または格子状。殻の内側が肋骨のように肥厚することがある。葉緑体は黄褐色, 2個, 左右に位置する。底生性。

葉緑体は左右に2個
殻面

縦溝
殻面
条線は細かく平行または格子状

■ フネケイソウ目 **ジュウジケイソウ属** *Stauroneis* ★★

単体性。殻は菱形, 長さ15〜350 μm。中央に縦溝がある。帯状の無紋域があり, 条線は点線状。葉緑体は黄褐色, 2個, 左右に位置する。底生性。

縦溝
帯状の無紋域
条線は点線状
殻面

殻面

■ ハンカケケイソウ目 **ニセクチビルケイソウ属** *Amphora* ★★

単体性。殻は左右非相称の三日月形, 長さ5〜100 μm, 細胞全体はアコーディオン形になり2枚の殻が同一平面上にある。縦溝は腹側に偏る。葉緑体は1, 2個または多数。底生性。

細胞全体はアコーディオン形
殻
帯片
帯面

縦溝
帯面

縦溝
殻面

殻面

■ コバンケイソウ目 **ハフケイソウ属** *Epithemia* ★★

単体性。殻は左右非相称,長さ20〜200 μm。縦溝は双アーク状。条線は明瞭,数本ごとに肋がある。葉緑体は1個,腹側に位置し,縁は多数の裂片に分かれる。ふつう共生藍藻起源の球状体をもつ。底生性。

共生藍藻起源の球状体
帯面

殻面

縦溝は双アーク状
明瞭な条線と肋
殻面

殻面

■ コバンケイソウ目 **クシガタケイソウ属** *Rhopalodia* ★★

ハフケイソウ属に似るが,縦溝は背側の縁にある(そのためはっきり見えない)。近年,ハフケイソウ属に含めることが提唱されている。

共生藍藻起源の球状体
殻面

殻
縦溝は背縁にある
帯面

殻面

■ コバンケイソウ目 **ハダナミケイソウ属** *Cymatopleura* ★★

単体性,長さ50〜300 μm。殻は楕円形〜アレイ形,殻面がうねる。縦溝は殻縁に沿ってほぼ1周する。葉緑体は1個,それぞれの殻面に面する2片に分かれ,細くつながる。近年,コバンケイソウ属に含めることが提唱されている。底生性。

殻面

縦溝は殻縁に沿って一周
殻面が波打つ
殻面

真核生物 ストラメノパイル（不等毛類） 【不等毛植物門】■珪藻綱

コラム 窒素固定器官

　p. 27に記したように、窒素はすべての生物に必須な元素ですが、窒素ガスを利用（窒素固定）できる生物は一部の原核生物に限られています。そこで、この能力を介した共生現象がいくつかの生物で知られています。

　最もよく知られているのは、ダイズやクローバーなどマメ科植物の根に、窒素固定する細菌が共生している例です。マメ科植物はこれによって窒素分が乏しい環境でも生育でき、また緑肥として利用されます。また前述のように藍藻の中にも窒素固定できるものが多く、ツノゴケの葉状体やアカウキクサの葉、ソテツの根の中にネンジュモ目の藍藻が共生していることが知られています。これらの例ではふつう共生者の独立性は保たれていますが、アカウキクサの例では共生藍藻はすでに自立能を失いかけており、アカウキクサの体外では生きられなくなっています。アカウキクサの系統と共生藍藻の系統が一致する（共進化した）ことからも両者が長い間依存して進化してきたことがうかがえます。

　そして珪藻の中には、さらに進んで共生者の独立性が完全に失われてしまった例もあります。それが前ページのハフケイソウやクシガタケイソウに見られる球状体です。この構造は細胞内共生した藍藻に起源をもちますが（上記の例はすべて細胞外共生です）、すでに光合成能はなく、さまざまな遺伝子が失われています。もともとは共生藍藻が窒素化合物を珪藻へ供給し、珪藻から有機物をもらう共生藍藻だったのですが、すでに珪藻の細胞の一部になってしまっているのです。光合成という能力を介した共生藍藻は葉緑体という細胞小器官へと進化しましたが、球状体の例は、窒素固定のための細胞小器官へと進化しつつある例と言えるでしょう。

アカウキクサ

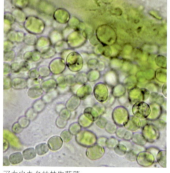

アカウキクサ共生藍藻

■ コバンケイソウ目　**コバンケイソウ属**　*Surirella* ★

単体性, 長さ10〜400 μm。殻は楕円形〜紡錘形, ときに上下非相称。縦溝は明瞭な翼管によって支持され, 殻縁に沿ってほぼ1周する。葉緑体は1個, それぞれの殻面に面する2片に分かれ, 細くつながる。近年, いくつかの属に分割することが提唱されている。底生性。

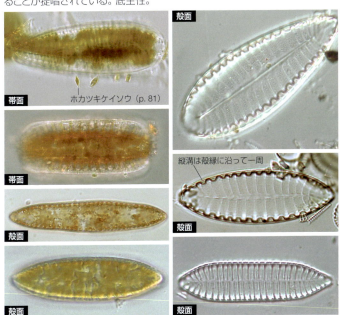

■ クサリケイソウ目　**クサリケイソウ属（イカダケイソウ属）**　*Bacillaria* ★★

複数の細胞が殻面で結合し, 互いに滑り合う（南京玉すだれのような運動）帯状群体を形成する。殻は線形, 長さ60〜150 μm。縦溝ははしごのような竜骨を伴い, 中央にある。条線は比較的明瞭。葉緑体は2個, 上下に配置する。底生性。

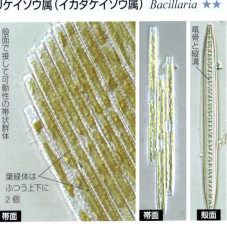

■ クサリケイソウ目 **ササノハケイソウ属** *Nitzschia* ★

ふつう単体性だが,一端で結合して放射状群体を形成する種もいる。殻はふつう細長い菱形,長さ10〜200 μm。縦溝は管状,竜骨を伴い,殻縁にある。条線は粗なものから極めて繊細でほとんど見えないものまである。葉緑体はふつう2個で上下に配置する(まれに多数)。浮遊性または底生性,極めてふつう。

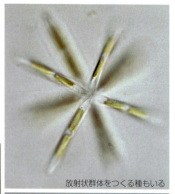
放射状群体をつくる種もいる

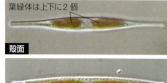
葉緑体は上下に2個
殻面

殻面

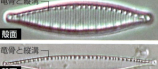
竜骨と縦溝
殻面

殻面

竜骨と縦溝
殻面

帯面　ときに葉緑体多数

殻面

■ クサリケイソウ目 **タテナミケイソウ属** *Tryblionella* ★★

ササノハケイソウ属に似るが,殻面が幅広で長軸に沿ってうねっている。

殻面

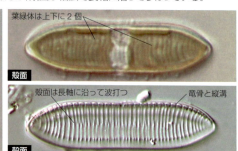
葉緑体は上下に2個
殻面
殻面は長軸に沿って波打つ　竜骨と縦溝
殻面

【不等毛植物門以外のストラメノパイル】

不等毛類の中には、細菌を食べる鞭毛虫やアメーバ状の生物、栄養を吸収して生きるミズカビの仲間、動物に寄生する生物なども含まれる。

■ ビコソエカ目　**ビコソエカ属**　*Bicosoeca*　★★

単細胞鞭毛性。細胞は長さ5〜10μm、カップ形の殻に収まっており、長鞭毛を前方へ伸ばし、後鞭毛先端で殻内部に固着している。殻はふつう基物（大型の植物プランクトンなど）に付着しているが、同種の殻に付着して群体を形成する種もいる。細菌などを捕食する。ふつう付着性。

前鞭毛
殻
後鞭毛

■ プセウドデンドロモナス目　**プセウドデンドロモナス属**　*Pseudodendromonas*　★★★

分枝する柄の先端にそれぞれ鞭毛をもつ細胞が付いた群体を形成する。細胞はやや三角形（5〜10μm）でその角から生じる2本のほぼ等長の鞭毛をもつ。細菌などを捕食する。よく似た細胞をもつシアソボド属（*Cyathobodo*）は単細胞性で柄はない。付着性。

分枝する柄の先に細胞

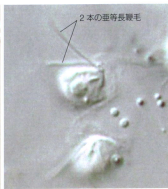
2本の亜等長鞭毛

95

■ アンフィトレマ目　**ディプロフリス属**　*Diplophrys*　★★

単細胞性。細胞はほぼ球形で, 直径5〜20 µm 薄い外被に覆われ, 両端から分枝する糸状仮足状構造が生じている。ふつう細胞内に目立つ油滴がある。菌類と同様に吸収栄養性。形態的に酷似するが系統的にやや異なる属が近年報告されている。底生性。

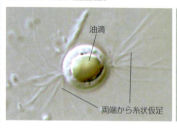
油滴
両端から糸状仮足

■ 無殻太陽虫目　**アクチノフリス属**　*Actinophrys*　★★

単細胞性。細胞は球形, 直径20〜100 µm, やや太い軸足を放射状に伸ばしている。細胞外被はない。核は細胞中央にあり, その表面から軸足を支持する微小管が伸びている（光顕では見えない）。軸足を用いて藻類などを捕食する。浮遊性。本属を含め, 無殻太陽虫類は太陽虫門の生物 (p. 115〜116) に似ているが, 系統的には全く異なる。

軸足
中心に核

■ 無殻太陽虫目　**アクチノスファエリウム属**　*Actinosphaerium*　★★

アクチノフリス属に似るが, はるかに大型（〜2 mm）で多核, 細胞表層には液胞が多い。浮遊性。

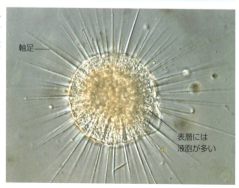
軸足
表層には液胞が多い

リザリア（根状仮足類）

　DNAの類似性によって初めて認識されるようになったグループで、形態的な共通性はほとんどない。多くは単細胞性の鞭毛虫やアメーバであり、細長く分枝する仮足をもつことが多い。細菌や他の原生生物を捕食するものが多いが、寄生性のものや光合成性のものもいる。

■ ウロコカムリ目　**ウロコカムリ属**　*Euglypha*　★★

単細胞性有殻アメーバ。殻はふつう長卵形、長さ30〜150 μm、ガラス質の鱗片が重なってできている。ときに刺をもつ。殻の一端にある開口部から糸状仮足を出す。藻類などを捕食する。底生性。

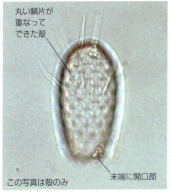
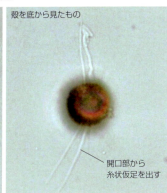

■ ウロコカムリ目　**フセウロコカムリ属**　*Trinema*　★★

ウロコカムリ属に似るが、開口部は殻の端からややずれた側方にある。底生性。

真核生物 リザリア（根状仮足類）　【ケルコゾア門】　インブリカテア綱

■ ウロコカムリ目　**ポーリネラ属**　*Paulinella* ★★

単細胞性有殻アメーバ。殻は卵形、長さ5〜30 µm、ガラス質の板が取り巻くようにしてできている。殻の一端にある開口部から糸状仮足を出す。ふつう細胞内に青緑色をした勾玉状構造がある。これは共生した藍藻に由来するが、現在ではすでに宿主細胞の一部になっている。底生性。

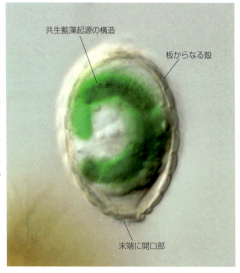

共生藍藻起源の構造
板からなる殻
末端に開口部

コラム　青い勾玉

　ポーリネラ属でよく見られる種は、細胞内に青緑色の勾玉のような構造をもっています（ふつう2個）。この構造は光合成を行い、ポーリネラは餌を食べずに生きることができます。古くから、この構造は共生した藍藻ではないかと考えられてきました。最近の研究によってこのことは確かめられ、この構造は確かに共生藍藻に由来することが明らかになっています。しかしこの構造はすでに自立能を失っており、ポーリネラの細胞の一部になっています。

　これと似た現象は陸上植物や藻類がもつ葉緑体でも見られます。葉緑体も、細胞内共生した藍藻に由来する構造であり、葉緑体だけでは生きていけません。しかし葉緑体の起源となった藍藻との共生は、ポーリネラでの共生よりもはるか昔に起こったことだと考えられています。葉緑体には藍藻のDNAが残っていますが、既に1/10程のサイズに退化してしまっています。それに対してポーリネラの勾玉がもつDNAは藍藻のDNAの1/3ほどであり、多くの遺伝子がまだ残されています。おそらくポーリネラの勾玉は、共生藍藻から葉緑体のような細胞内器官に進化する過程の初期段階にあるのでしょう。

■スポンゴモナス目　**スポンゴモナス属**　*Spongomonas*　★★★

顆粒状構造からなる基質の中に多数の鞭毛細胞が埋没した円筒状〜盤状の群体を形成する。細胞は長さ約10 μm、頂端付近から生じる2本のほぼ等長な鞭毛をもつ。底生性。

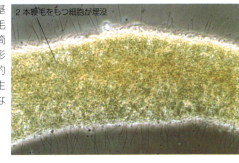

2本鞭毛をもつ細胞が埋没

■ケルコモナス目　**ケルコモナス属**　*Cercomonas*　★★

単細胞鞭毛性。細胞は長さ10〜50 μm、柔軟で変形しやすい。細胞前方から2本の鞭毛が生じ、1本は前方でゆっくり運動し、もう1本は後方へ引きずる。細菌などを捕食する。底生性。

前鞭毛／後鞭毛／細胞は変形

■バンピレラ目　**バンピレラ属**　*Vampyrella*　★★

単細胞性アメーバ。ふつうほぼ球形で直径30〜100 μm、放射状に糸状仮足を伸ばしているが、変形しやすく、またしばしば楕円形のシストをつくる。糸状緑藻（アオミドロなど）の細胞壁に孔を開け、そこから中身を食べる。その際は緑色をしているが、やがて赤く変色し、最終的に消化して透明になる。学名はおそらく「吸血鬼vampire」に由来する。底生性。

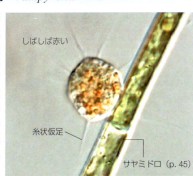

しばしば赤い／糸状仮足／サヤミドロ (p. 45)

バンピレラが開けた孔／サヤミドロ (p. 45)

エクスカバータ（腹溝生物）

ユートレプチア

多くは単細胞鞭毛性。基本的に細胞腹面に溝をもち、そこで食物を取り込むが、この溝がないグループもいる（ユーグレナ藻綱など）。細菌や他の原生生物を捕食するものが多いが、ユーグレナ藻綱の一部は緑藻由来の葉緑体をもち、光合成を行う。また寄生性の種も多く知られている。

■ミドリムシ目 **ミドリムシ属** *Euglena* ★

単細胞鞭毛性。細胞はふつう紡錘形で活発な変形運動（p. 104）を示す。長さ20〜300 μm。細胞前端の窪みから1本の鞭毛が伸びており（ときに非常に短く見えない）、鞭毛の基部付近に眼点がある。葉緑体は緑色、ふつう盤状で多数。パラミロン粒は小さく多数が散在。細胞中に赤い色素を蓄積することがある。葉緑体を欠く種もいる。浮遊性または底生性。

活発な変形運動

■ミドリムシ目 **コラキウム属** *Colacium* ★★

単細胞〜群体不動性。細胞は楕円形、長さ20〜40 μm、粘液質の柄で動物（ミジンコなど）の体表面に付着し、ときに柄が分枝して樹状群体を形成する。葉緑体は緑色、盤状で多数、ピレノイドをもつ。パラミロン粒は小さく多数が散在。

ケンミジンコ（p. 131）の後体部

- ミドリムシ目 **クリプトグレナ属** *Cryptoglena* ★★

単細胞鞭毛性。細胞は小型(〜30μm),楕円形でやや偏平,変形しない。細胞腹面に縦溝がある。細胞前端から1本の鞭毛が伸びており,鞭毛の基部付近に眼点がある。葉緑体は緑色,1個で左右2片に分かれている。

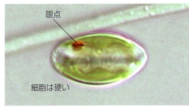

- ミドリムシ目 **モノモルフィナ属** *Monomorphina* ★★

単細胞鞭毛性。細胞は楕円形で後端が針状に尖り,変形しない。長さ20〜50μm。細胞表面に明瞭ならせん状の隆起がある。細胞前端から1本の鞭毛が伸びており,鞭毛の基部付近に眼点がある。葉緑体は緑色,1〜数個。大型のパラミロン粒が左右にある。

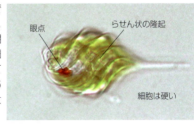

- ミドリムシ目 **カラヒゲムシ属** *Trachelomonas* ★

単細胞鞭毛性。細胞は球形〜楕円形の殻(ロリカ)で覆われる(長さ10〜60μm)。殻は鉄などが沈着するためふつう褐色,ときに刺や顆粒などで装飾される。ふつう細胞前端から生じた1本の鞭毛が殻の孔を通って前方へ伸びており,鞭毛の基部付近に眼点がある。浮遊性。

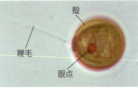

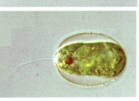

- ミドリムシ目 **ハスクチカラヒゲムシ属** *Strombomonas* ★★

カラヒゲムシ属に似るが,殻はふつう前後に次第に細くなり,後端は尖る(長さ25〜60μm)。浮遊性。

■ ミドリムシ目　**ニセウチワヒゲムシ属**　*Lepocinclis*　★

単細胞鞭毛性。細胞は楕円形、棒状など多様。長さ20〜250μm、ときに0.5mmに達する。細胞後端が針状に尖る種もいる。ほとんど変形しないが、くねることがある。細胞表面に明瞭な筋が見られる。細胞前端から1本の鞭毛が伸びており、鞭毛の基部付近に眼点がある。葉緑体は緑色、盤状で多数。棒状またはリング状の大型のパラミロン粒をもつ。以前ミドリムシ属に分類されていた種のうち、細胞が硬い種は本属に移された。

■ ミドリムシ目　**ウチワヒゲムシ属**　*Phacus*　★

ニセウチワヒゲムシ属に似るが、細胞は楕円形で扁平、ねじれるものや後端が針状に尖る種もいる。長さ20〜250μm。盤状で大型のパラミロン粒をもつ。

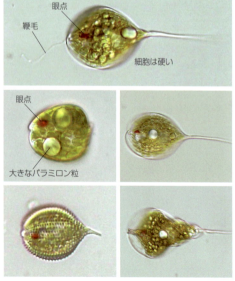

■ ラブドモナス目　メノイディウム属　*Menoidium*　★★

単細胞鞭毛性。細胞は扁平なバナナ形、変形しない。長さ30〜50μm。細胞前端から1本の鞭毛が伸びている。大型のパラミロン粒をもつ。吸収栄養性。浮遊性。

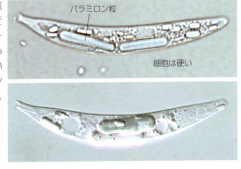

■ ヘテロネマ目　フトヒゲムシ属　*Peranema*　★

単細胞鞭毛性。細胞は長さ30〜80μm、紡錘形だが後端は尖らない。活発な変形運動をする。細胞前端から生じた2本の鞭毛が前後に伸びて匍匐する。前鞭毛は太く、ふつうまっすぐ伸びて前端のみが運動し、後鞭毛は細く細胞に密着する（確認できないことが多い）。細胞前方に棒状構造からなる捕食装置があり、藻類などを捕食する。底生性。

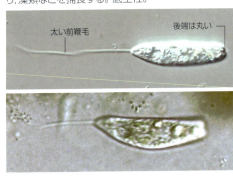
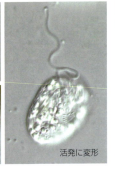

■ ヘテロネマ目　ヘテロネマ属　*Heteronema*　★★

フトヒゲムシ属に似るが、細胞は両端が尖る紡錘形。後鞭毛は細胞から離れるので確認しやすい。底生性。

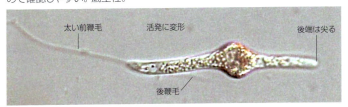

■ ヘテロネマ目 **オナガヒラタヒゲムシ属** *Anisonema* ★★

単細胞鞭毛性。細胞は楕円形で扁平、変形しない。長さ20〜40μm。細胞前方の凹みから生じた2本の鞭毛が前後に伸びて匍匐運動をし、しばしば突然後退する。後鞭毛は長く、特に基部で太い。細胞前部に捕食装置があり、捕食栄養性。底生性。

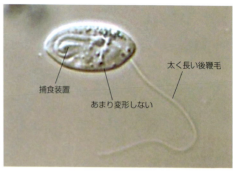

捕食装置 / あまり変形しない / 太く長い後鞭毛

コラム ミドリムシの変形運動

　ミドリムシの仲間（ユーグレナ藻綱）の特徴として、細胞膜のすぐ内側にタンパク質からなる板（ペリクル板）が細胞長軸に沿って（ときにらせん状に）並んでいることが挙げられます。光顕で見てみると、ペリクル板のつなぎ目が細胞表面の縦筋として見えることがあります。おもしろいことに、ミドリムシ属などではペリクル板が互いにずれて細胞が大きく変形することがあり、変形運動、すじもじり運動またはユーグレナ運動とよばれています。ただしこのような運動をする種は、多数の細長いペリクル板をもつ種に限られます（だから縦筋は見えないことが多い）。一方、ペリクル板が少ない種（縦筋が見えることが多い）では、ふつうそれが厚く、がっちりと固定されていて変形運動はほとんど行いません。このような違いは重要な分類形質であるとともに、ユーグレナ藻綱の進化にもかかわってきたと考えられています。エントシフォン属などユーグレナ藻綱の中で最初の頃に分かれたものは、硬い体をもち、細菌など小さな餌を食べています。しかしその後、フトヒゲムシ属のように活発な変形運動を生かして大型の餌を食べるものが現れました。そのような生物が緑藻を取り込み、これを葉緑体にしてしまったものが、葉緑体をもつミドリムシ類の祖先であると考えられています。さらに光合成をするミドリムシの仲間には、ウチワヒゲムシ属のように再び変形運動能を失ってしまったものもいます。

同じ個体の変形のようす

■ エントシフォン目　**エントシフォン属**　*Entosiphon*　★

単細胞鞭毛性。細胞は楕円形でやや扁平,表面に筋があり,変形しない。長さ30〜70 µm。細胞前端の凹みから生じた2本の鞭毛が前後に伸びて匍匐運動する。細胞前方に明瞭な管状の捕食装置があり,細菌などを捕食する。底生性。

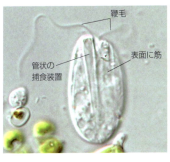

■ ペタロモナス目　**ペタロモナス属**　*Petalomonas*　★★

単細胞鞭毛性。細胞は楕円形〜三角形で扁平,ときに表面に筋があり,変形しない。長さ5〜60 µm。細胞前端の凹みから生じてまっすぐ前方に伸びる1本の鞭毛をもち,匍匐運動する。細菌などを捕食する。底生性。

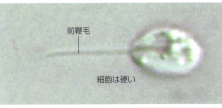

■ ネオボド目　**ネオボド属**　*Neobodo*　★★

単細胞鞭毛性。細胞は紡錘形,長さ5〜10 µm。細胞亜頂端付近から2本の鞭毛が生じ,1本は後方へ伸び,もう1本は細胞前方で巻いていることが多い。細菌などを捕食する。浮遊性〜底生性。

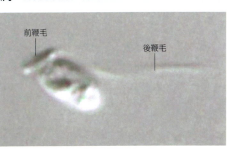

■ ネオボド目　リンコモナス属　*Rhynchomonas*　★★

単細胞鞭毛性。細胞は楕円形,長さ3〜10μm,先端に可動性の鼻状突起がある。細胞亜頂端から生じた2本の鞭毛のうち,1本は鼻状突起に密着しているため見えないが,もう1本は後方へまっすぐ伸びている。基物上を匍匐し,細菌などを捕食する。底生性。

鼻状突起 / 後鞭毛

■ ボド目　ボド属　*Bodo*　★

単細胞鞭毛性。細胞は豆形で長さ10〜20μm。細胞亜頂端から2本の鞭毛が後方へ伸びており,より長い鞭毛の先端で基物に付着している。この鞭毛はしばしば急にわん曲し,跳ねるような特徴的な動きをする。細菌などを捕食する。底生性。

後鞭毛末端で基質に付着

■ シゾピレヌス目　バールカンピア属(*Vahlkampfia*)の仲間　★

単細胞性アメーバ,長さ10〜60μm。アメーボゾア門のハルトマンネラ属(p.108)などに似ているが,全く違う仲間。原形質が噴き出すような活発なアメーバ運動を行う点で区別できる。類似属が多数あるが,分類は難しい。底生性。

噴き出すような仮定の形成

■ ジャコバ目　ヒスチオナ属　*Histiona*　★★★

単細胞鞭毛性。杯形で透明の殻に細胞(長さ約15μm)が入っており,殻は基物(藻類など)に付着している。細胞腹部に溝があり,その片側がひだ状に突出している。細胞亜頂端から2本の鞭毛が生じているが,1本は溝中にあり確認できない。細菌などを捕食する。付着性。

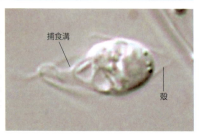

捕食溝 / 殻

■ツクバモナス目　**ツクバモナス属**　*Tsukubamonas*　★★★

単細胞鞭毛性。細胞は片面が浅い溝になっている半球形, 長さ10〜15 μm, 長い2本の鞭毛をもつ。細胞内には液胞が多い。光顕で見ると, 鞭毛を使って基物上を自転している。細菌などを捕食する。底生性。著者の職場の池で見つかった生物であるが, 今のところ世界中でそれ以外の報告は無い。

■ディプロモナス目　**トレポモナス属**　*Trepomonas*　★★★

単細胞鞭毛性。楕円形でやや扁平, 長さ5〜30 μm。側面の2カ所（表裏, 写真では左右）に溝があり, その上端から4本ずつ鞭毛が伸びている。細菌などを捕食する。底泥中など貧酸素環境に生育し（酸素呼吸しない）, 動物の腸管内から見つかるものもいる。

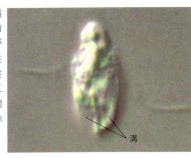

溝

コラム　ミドリムシは動物？ 植物？

　ミドリムシ (p. 100) は葉緑体をもち, 光合成をしますが, 一方で鞭毛を用いて遊泳し, 変形運動 (p. 104) をします。そのため, 昔から, ミドリムシは動物なのか植物なのか, と問題にされてきました。

　しかしこれは, 生物を動物と植物に2分するという昔ながらの, ある意味誤った考えに基づくものです。確かに私たちの身のまわりの目で見える生物は, 動いて食べる動物（多細胞動物）と動かず光合成をする植物（陸上植物）がほとんどです。キノコなどの菌類はどちらとも似ていませんが, 動かないということで植物に入れられていました。

　しかし, 肉眼では見えない微生物の世界が明らかになるにつれ, ミドリムシのようにこの分け方にそぐわない生物が多く見つかってきました。研究が進むにつれ, 生物の多様性の大部分は微生物が占めており, 多細胞動物や陸上植物は生物全体の中ではごく一部にすぎないことが明らかになってきました (p. 28)。つまりミドリムシを含め, この本に載っている生物の多くは動物でも植物でもないのです。

アメーボゾア

　細胞を大きく変形させて運動する生物はアメーバ類と総称され、さまざまな系統の生物が含まれているが、その多くはこのアメーボゾアに属する。仮足（細胞の突出構造）は指状、膜状、棘状などであり、細い糸状にはならない。明瞭な細胞外被をもたないものが多いが、中には殻をもつものもいる。基本的に細菌や他の原生生物を捕食するが、藻類を共生させていることもある。

■アメーバ目　**アメーバ属**　*Amoeba*　★★★

単細胞性でかなり大型のアメーバ（200〜800 μm）。仮足は円筒状、複数、表面に不規則な隆起がある。細胞後端は房状。単核性、核は盤状で目立つ。細胞内に多数の結晶状顆粒がある。他の原生生物を捕食する。底生性。

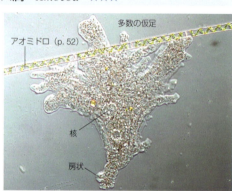

多数の仮足
アオミドロ (p.52)
核
房状

■アメーバ目　**サッカアメーバ属**　*Saccamoeba*　★★

単細胞性アメーバ。細胞は細長く（30〜180 μm）、前方へ1個だけ円筒状の仮足を伸ばす。細胞後端はこぶ状。ふつう結晶状顆粒をもつ。藻類などを捕食する。底生性。

単一仮足
結晶状顆粒

■アメーバ目　**ハルトマンネラ属**　*Hartmannella*　★★

小型の単細胞性アメーバ。移動時の細胞は細長く、長さはふつう20〜40 μm。前方へ1個だけ円筒状の仮足を伸ばし、その前部は明瞭な透明域になる。細菌などを捕食する。底生性。

単一仮足（透明冠）

■ ナベカムリ目　**ナベカムリ属**　*Arcella*　★

殻をもつ単細胞性アメーバ。殻は半球状（直径50〜200 μm），細かい編目模様があり，最初は透明だが古くなると鉄などが沈着して褐色になる。殻の底面中央に孔があり，そこから指状の仮足を伸ばす。藻類などを捕食する。底生性。

指状の仮足／殻／この個体はおそらく細胞分裂直後で殻は透明

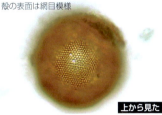
殻の表面は網目模様　**上から見た**

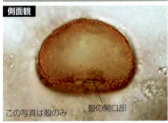
側面観　この写真は殻のみ／殻の開口部

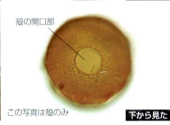
殻の開口部／この写真は殻のみ　**下から見た**

■ ナベカムリ目　**ツボカムリ属**　*Difflugia*　★

殻をもつ単細胞性アメーバ。殻は球状，卵状，円筒状など多様（長さ50〜300 μm），表面に砂粒や珪藻の殻がびっしりついている。殻の一端に孔があり，そこから指状の仮足を伸ばす。藻類などを捕食する。底生性。

指状の仮足

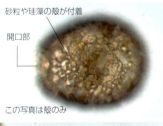
砂粒や珪藻の殻が付着／開口部／この写真は殻のみ

開口部／この写真は殻のみ

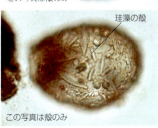
珪藻の殻／この写真は殻のみ

真核生物

アメーボゾア

[アメーボゾア門] ツブリナ綱／ディスコセア綱

■ナベカムリ目　**フセツボカムリ属**　*Centropyxis*　★★

ツボカムリ属に似るが,殻はやや扁平(長さ50〜300 μm),底面の中心からずれた部分に仮足を出す孔がある。ときに殻背面に刺がある。藻類などを捕食する。底生性。

しばしば突起をもつ

開口部はやや側方

この写真は殻のみ

■ヒマスチメニダ目　**コクリオポディウム属**　*Cochliopodium*　★

単細胞性アメーバ。細胞は半球状,周縁に薄い膜状の仮足が広がっている。長さ10〜100 μm。細胞背面はびっしりと並んだ細かい鱗片で覆われている。藻類などを捕食する。底生性。

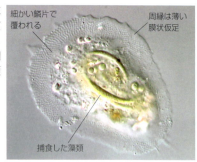

細かい鱗片で覆われる

周縁は薄い膜状仮足

捕食した藻類

■デルマアメーバ目　**マヨレラ属**　*Mayorella*　★

単細胞性アメーバ。細胞外形は多様,三角形の突起状仮足を多数もつ。長さ30〜150 μm。ときに結晶状顆粒が散在する。藻類などを捕食するが,クロレラ(p. 47)を細胞内共生させている例もある。底生性。

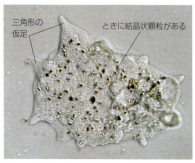

三角形の仮足

ときに結晶状顆粒がある

110

■テカアメーバ目 **テカアメーバ属** *Thecamoeba* ★★

単細胞性アメーバ。扁平でふつう楕円形，移動時には前方が透明になっている。細胞はやや硬い感じで背面に複数の筋があることが多い。長さ30〜350 μm。藻類などを捕食する。底生性。

■バンネラ目 **バンネラ属** *Vannella* ★★

単細胞性アメーバ。扁平で円形〜扇形，前方が幅広く透明になっている。長径10〜80 μm。細菌などを捕食する。底生性。

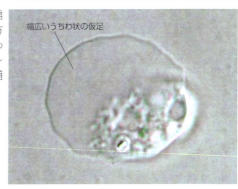

幅広いうちわ状の仮足

■ダクティロポディダ目 **ベキシリフェラ属** *Vexillifera* ★★

比較的小型の単細胞性アメーバ。前方に細長い仮足（長さ10〜25 μm）を複数伸ばす。細菌などを捕食する。底生性。

細長い仮足

真核生物

アメーボゾア

〔アメーボゾア門〕 ■ディスコセア綱

111

所属不明の真核生物

p. 28に記したように,現在では真核生物はおよそ7つの大グループからなると考えられている。しかし原生生物の中には,どの大グループとも明瞭な類縁性を示さない小さなグループがいくつかある。以下に挙げたクリプト植物,ハプト植物,太陽虫,アプソゾアはそのような生物群であり,淡水微生物としてふつうに見られるものもいる。

【クリプト植物門】

小さな単細胞鞭毛性の生物であり,多くは紅藻との二次共生に由来する葉緑体をもつ。光合成色素に多様性があり,そのため葉緑体の色は赤,褐色,青緑色など多様。細胞壁を欠くが,細胞膜直下に薄いタンパク質の板がある。小さな生物であるため見逃されやすいが,淡水にも海にもふつうに存在する。

ヘミセルミス

■カゲヒゲムシ目　**カゲヒゲムシ属**　*Cryptomonas*　★

単細胞鞭毛性。細胞は米粒形,長さ15〜80 μm,細胞亜頂端から2本の亜等長鞭毛が伸びている。細胞腹面に粒状の射出体(刺激によって細い糸を射出する)が並んでいる。葉緑体は褐色,2個が左右に位置し,ときにピレノイドをもつ。葉緑体が退化し,有機物を吸収して生きる種もいる。浮遊性。

■ カゲヒゲムシ目　**アカカゲヒゲムシ属*** *Rhodomonas* ★★

カゲヒゲムシ属に似るが、より小型、葉緑体は赤褐色で1個。よく似ているが、細胞後端が突出するものはプラギオセルミス属（*Plagioselmis*）。浮遊性。

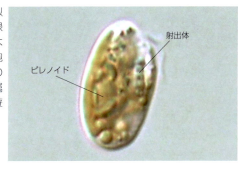

■ カゲヒゲムシ目　**アオカゲヒゲムシ属*** *Chroomonas* ★★

カゲヒゲムシ属に似るが、より小型（長さ7〜30 μm）、葉緑体は青緑色で1個。ときに眼点をもつ。浮遊性。

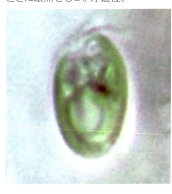

■ ゴニオモナス目　**ゴニオモナス属** *Goniomonas* ★

単細胞鞭毛性。細胞は長さ5〜15 μm、偏平、後端は丸く、前端が直線状でそこに沿って粒状の射出体がならんでいる。細胞前縁の端から2本の亜等長〜不等長の鞭毛が生じている。葉緑体を欠き、細菌などを捕食する。底生性。

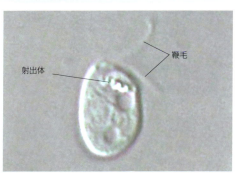

113

真核生物 / 所属不明の真核生物 /【ハプト植物門】/ パブロバ藻綱／コッコリサス藻綱

【ハプト植物門】

多くは単細胞性の藻類群。珪藻などと同様にフコキサンチンを含む黄褐色の葉緑体をもつ。基本的に2本の鞭毛をもち，その間からハプトネマとよばれる特殊な鞭毛様構造が伸びている。多くは海産であり，重要な生産者であるが，淡水種もわずかにいる。

エミリアニア

■パブロバ目　パブロバ属　*Pavlova*　★★★

単細胞鞭毛性。細胞は楕円形でやや扁平，長さ5〜10μm，2本の不等長鞭毛が細胞腹面から前後に伸びており，前鞭毛はSの字状に波打っている。2本の鞭毛の間から短いハプトネマが伸びている（光顕では見えないことも多い）。葉緑体は黄褐色，1〜2個。ときに眼点をもつ。学名は有名なバレリーナのアンナ・パブロバにちなんでいる。底生または浮遊性。

前鞭毛

■プリムネシウム目　クリソクロムリナ属　*Chrysochromulina*　★★★

単細胞鞭毛性。細胞は腹面が凹んだ半球形，長さ5〜10μm，2本の等長鞭毛が細胞腹面から後方へ伸びている。鞭毛の間から非常に長いハプトネマが前方へまっすぐ伸びているが，刺激によって急速にコイル状に折り畳まれる（コイリング）。葉緑体は黄褐色，左右に2個。まれだが，大増殖することもある。浮遊性。

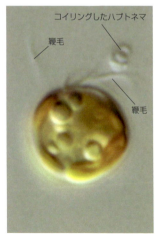
コイリングしたハプトネマ
鞭毛
鞭毛

【太陽虫門】

　細胞は球形,直径はふつう10〜100μm,細胞中心の粒から生じた微小管によって支持された細長い仮足(軸足)が放射状に伸びており,その姿から太陽虫とよばれる。軸足のところどころに粒状構造がある。多くはガラス質の鱗片に覆われる。軸足を使って藻類などを捕食する。無殻太陽虫類(p.96)に似ているが,系統的には全く異なる。

■有中心粒目　カラタイヨウチュウ属 (*Acanthocystis*) の仲間　★

細胞はガラス質の板状鱗片と刺状鱗片で覆われている。鱗片の細かい特徴でいくつかの属に分けられているが,光顕での同定は困難。クロレラ (p. 47) を細胞内共生させている種もいる。浮遊性。

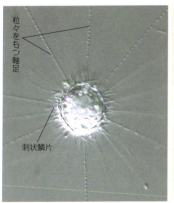

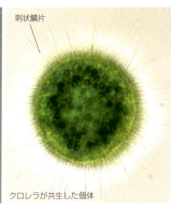

クロレラが共生した個体

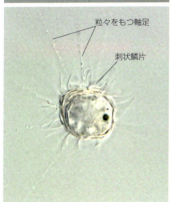

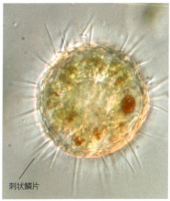

115

■ 有中心粒目　**ウロコタイヨウチュウ属**　*Raphidiophrys* ★★

単細胞性だがときに集塊を形成。細胞はガラス質の板状鱗片で覆われ, 鱗片は軸足の基部を覆うことがある。浮遊性。

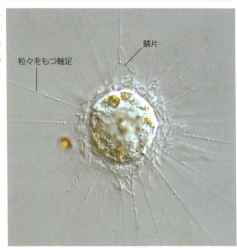

鱗片
粒々をもつ軸足

■ 有中心粒目　**トゲタイヨウチュウ属**　*Heterophrys* ★★

細胞は粘液質で覆われ, それに加えて細かい針状構造が多数存在する。浮遊性。

粒々をもつ軸足
粘液質と針状構造

【アプソゾア門（スルコゾア門）】

真核生物の中で最も初期に分かれた生物群である可能性がある。ただしおそらくひとまとまりの生物群ではなく，互いに縁遠い生物群を含んでいる。

■アンキロモナス目　**アンキロモナス属**　*Ancyromonas*　★

小さな単細胞鞭毛虫（長さ5μmほど）。細胞は豆形で扁平，凹んだ部分から後方へ伸びる1本の鞭毛をもち，前方に伸びる短い鞭毛はときに見えない。匍匐性。近年いくつかの属に分けられたが，形態的に区別するのは難しい。細菌などを捕食する。底生性。

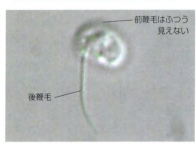

前鞭毛はふつう見えない

後鞭毛

■アプソモナス目　**アマスチゴモナス属**　*Amastigomonas*　★★

小さな単細胞鞭毛虫（長さ10μm以下）。細胞は紡錘形だが変形しやすく，前端に指状の突起がある。前鞭毛はこの突起中にあり，後鞭毛は細胞に沿って後方へ伸びているがいずれも見えないことが多い。匍匐性。近年いくつかの属に分けられたが，形態的に区別するのは難しい。細菌などを捕食する。底生性。

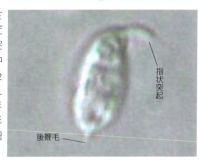

指状突起

後鞭毛

■ディフィレイア目　**コロディクティオン属**　*Collodictyon*　★★

単細胞鞭毛性。細胞は長さ20～40μm，やや扁平，細胞頂端から4本の等長鞭毛が前方へ伸びている。よく似たディフィレイア属（*Diphylleia*）は2本鞭毛性。細胞腹面にはふつう大きな窪みがあり，ここで藍藻などを捕食する。浮遊性。

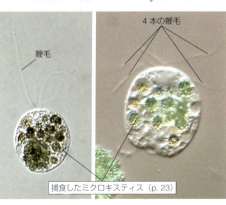

鞭毛

4本の鞭毛

捕食したミクロキスティス（p.23）

117

オピストコンタ（後方鞭毛生物）

鞭毛細胞において，細胞の後端から1本の鞭毛が後方へ伸びている点で他の真核生物とは大きく異なる。菌類と動物という非常に大きな生物群とともに，単細胞性のいくつかの原生生物が含まれる。

【ヌクレアリア類】

糸状仮足をもつアメーバ状の生物群だが，近年の研究では菌類に近縁であることが示されている。

■ ヌクレアリア目　ヌクレアリア属　*Nuclearia* ★★

単細胞性アメーバ。外形は多様だがふつう盤状～球状，直径10～60 μm，多数の糸状仮足を放射状に伸ばしている。核が比較的よく目立つ。藻類などを捕食する。浮遊～底生性。

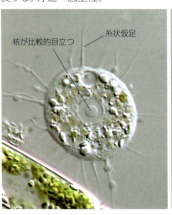

核が比較的目立つ　糸状仮足

■ 所属不明　リソコラ属　*Lithocolla* ★★★

太陽虫様の生物で細胞はふつう球状，直径20～50 μm，多数の糸状仮足を放射状に伸ばしている。砂粒などの外来物質からなる外被で包まれている。詳細に研究されていないが，ヌクレアリア類に近縁と考えられる。浮遊性。

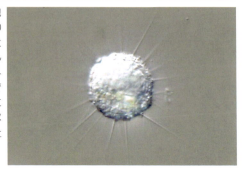

【菌類】

キノコやカビ, 酵母を含む大きな生物群。多くは多細胞の菌糸をつくるが, 単細胞性のものもいる。キチン質の細胞壁で囲まれ, 基本的に体外で有機物を分解し, 吸収して生きる。

寄生性のツボカビやクリプト菌の仲間 ★★

緑藻や珪藻の細胞（宿主）表面についており, 球形〜つぼ形, ときに宿主内に仮根を伸ばしている。また本体が宿主細胞内に侵入するものもいる。ツボカビ類の中には非寄生性のものも多いが, 植物プランクトンなどに寄生するものもおり, おそらくすべて寄生性であるクリプト菌類やアフェリディウム類とともに淡水中の植物プランクトンの増減にかかわっている。

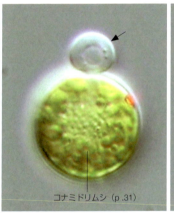

コナミドリムシ (p.31)

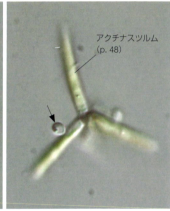

アクチナスツルム (p. 48)

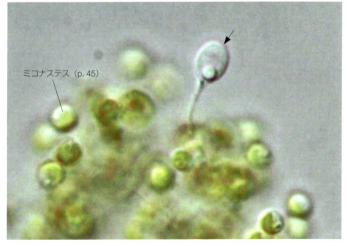

ミコナステス (p. 45)

【襟鞭毛虫門】

単細胞〜群体性の小さな鞭毛虫であり,細胞後端から伸びる1本の鞭毛とそれを取り囲む襟状の構造をもつ。この襟で細菌などを濾し取って食べる。よく似た細胞が海綿動物にも見られる。動物に最も近縁な原生生物群。

■クラスペディダ目　**コドシガ属**　*Codosiga*　★★

ふつう複数の細胞が共通の柄の先に付いており,この柄で基物に付着している。細胞長は4〜10 μm,明瞭な殻はない。付着性。

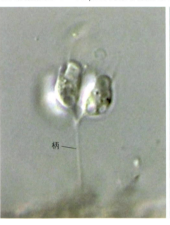
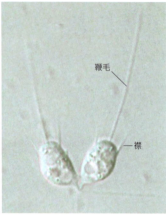

■クラスペディダ目　**ディプロエカ属**　*Diploeca*　★★

単細胞性,長さ5〜10 μm,殻で基物に付着している。ふつう褐色の丸い殻をもち,そこから管状に突出した透明の殻の先から襟と鞭毛が伸びている。付着性。

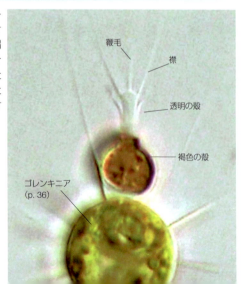

■ クラスペディダ目 **ディプロシガ属** *Diplosiga* ★★

単細胞性,基物に付着している。殻は透明で壺形（細胞に密着していて確認しづらい），殻の口の部分が広がっているため襟が2重にあるように見える。付着性。

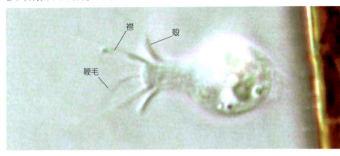

■ クラスペディダ目 **カラエリヒゲムシ属** *Salpingoeca* ★★

単細胞性,殻をもち,その底面または柄で基物に付着している。殻は透明で壺形〜円筒形。付着性。

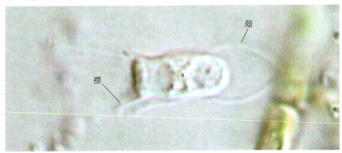

■ クラスペディダ目 **デスマレラ属** *Desmarella* ★★★

複数の細胞が横につながった群体をつくる。細胞長は6〜10μm,明瞭な殻はない。浮遊性。

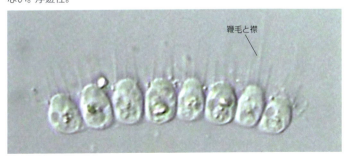

動物（後生動物, 多細胞動物）

　私たち人間を含む多細胞の生物群。多数の細胞が細胞膜で密着した組織をつくり, 迅速な情報伝達が可能な点で特異な生物群である。有機物を取り込んで食物源とする。水中には顕微鏡でなければ見えない小さな動物が数多く棲んでおり, 中には大型の原生生物より小さなものもいるが, 立派な多細胞生物である。

【輪形動物門（ワムシ）】

　多くは体長0.1〜0.5 mm程の小さな動物。前端に輪盤があり, そこに生えている多数の繊毛の運動によって藻類などの餌を引き寄せる。ふつう後端は足になり, その末端に趾（あしゆび）がある。硬い被甲をもつものとこれを欠くものがいる。ほとんどは淡水産で浮遊性または底生性, 極めてふつうに見られる。

■ワムシ目　ツボワムシ属　*Brachionus*　★

硬い被甲（長さ100〜500 μm）をもち, 前縁およびときに後縁に刺がある。足は柔らかく, 活発に伸縮する。

被甲の前縁に突起

ときに後部にも突起

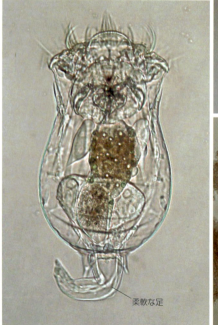

柔軟な足

■ ワムシ目　**ネコワムシ属（オケワムシ属）**　*Platyias*　★★

被甲に亀甲紋と点刻があり、前縁および後縁に刺がある。数節からなる足と1対の趾がある。

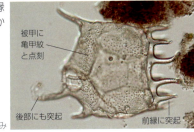

被甲に亀甲紋と点刻
後部にも突起
前縁に突起

写真は被甲のみ

■ ワムシ目　**カメノコウワムシ属**　*Keratella*　★

被甲に亀甲紋があり、前縁およびときに後縁に刺がある（刺を含めて長さ100～400μm）。足を欠く。

ときに後部にも突起
足を欠く
被甲の前縁に突起
被甲に亀甲紋と点刻

■ ワムシ目　**オニワムシ属**　*Trichotria*　★★

被甲は長さ100～200μm、隆条と点刻がある。3節からなる足と1対の長い趾がある。

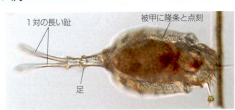

1対の長い趾
被甲に隆条と点刻
足

■ ワムシ目　**オナガワムシ属**　*Scaridium*　★★

円筒形で被甲は薄い、長さ70～200μm。非常に長い足と1対の趾がある。

体は円筒形で被甲は薄い
非常に長い足と趾

真核生物　オピストコンタ（後方鞭毛生物）　〈動物〉【輪形動物門】　■単生殖巣綱

真核生物　オピストコンタ〈後方鞭毛生物〉　〈動物〉【輪形動物門】　単生殖巣綱

■ワムシ目　サラワムシ属（ツキガタワムシ属）　*Lecane* ★★

扁平で硬い被甲（長さ50～250 μm）をもつ。後端から1対または1本の長い趾が伸びている。趾が1本のものはエナガワムシ属として分けられていたが、現在はふつう同属とされる。

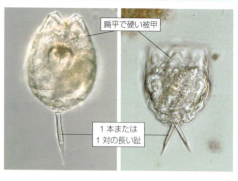

扁平で硬い被甲

1本または1対の長い趾

■ワムシ目　チビワムシ属　*Colurella* ★★

小型のワムシ（長さ50～120 μm）で左右から被甲に覆われ、側面が見えることが多い。数節からなる足と1対の趾がある。

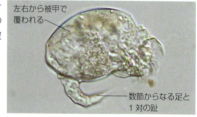

左右から被甲で覆われる

数節からなる足と1対の趾

■ワムシ目　ウサギワムシ属　*Lepadella* ★

背腹にやや扁平な被甲（長さ60～180 μm）に覆われる。腹側後端に孔があり、そこから1対の長い趾をもつ数節からなる足が伸びている。

数節からなる足と1対の趾

やや扁平な被甲

■ワムシ目　ドロワムシ属　*Synchaeta* ★★

体は釣鐘形、長さ100～500 μm、被甲を欠く。頭部に4本の剛毛が、頭部左右に繊毛が生じた突起がある。足の先に短い1対の趾がある。

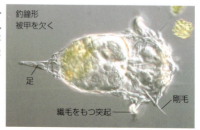

釣鐘形
被甲を欠く
足
繊毛をもつ突起
剛毛

- ワムシ目 **ハネウデワムシ属** *Polyarthra* ★

体は長方形, 長さ70〜300μm 被甲を欠く。肩部から3本1組の羽状の付属肢が4セット生じている。足を欠く。浮遊性。

- ワムシ目 **ネズミワムシ属** *Trichocerca* ★

体は円筒形で被甲に覆われ,長さ100〜500μm。後端に1対の趾があるが, そのうち1本が極めて短いことがある。2本の趾が同程度のものはフタオワムシ属 (*Diurella*) として分けられていた。

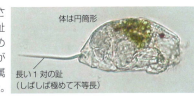

- ワムシ目 **フクロワムシ属** *Asplanchna* ★★

大型 (長さ0.4〜1.4mm) で透明な袋状,被甲を欠く。足を欠く。ときに多い。浮遊性。

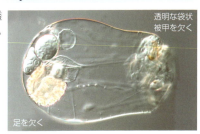

- マルサヤワムシ目 **ミジンコワムシ属** *Hexarthra* ★★

体は倒円錐形, 長さ100〜300μm, 被甲を欠く。前半部に長さの異なる6本の太い腕をもつ。腕の先端には剛毛がある。足を欠く。ときに多い。浮遊性。

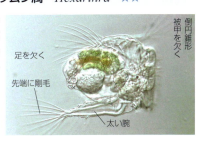

真核生物 オピストコンタ (後方鞭毛生物) 〈動物〉【輪形動物門】 単生殖巣綱

コラム 雄がいない！

多細胞動物や陸上植物は，ふつう雄と雌が特殊な細胞（配偶子とよばれます）を形成し，これが融合して新しい世代をつくります。この過程は有性生殖とよばれ，真核生物だけに見られる特徴です。しかし単細胞性の原生生物の中には，有性生殖が見つかっていないものも多く知られています。多細胞動物でも，ワムシやミジンコのような水中にすむ小さな動物はふつう有性生殖をせず，雌がほとんど自分のクローンである子孫を次々と産み落とします（単為生殖）。このような小型の生物にとっては，とにかく急速に個体数を増やす，という生き方が有利なのかもしれません。

ではなぜ有性生殖をする生物が多いのでしょうか？　有性生殖では，雄と雌のDNAが混ざり合い，遺伝的に少しずつ異なる子孫ができます。環境の変化や寄生者の出現が起こると，クローンだけでは全滅してしまう危険性が高くなりますが，子孫が遺伝的に多様であれば生き残る可能性が高くなります。

ミジンコの耐久卵
ミジンコ類は背中の空間（育房）に卵を保持する。単為生殖による卵は薄い壁に囲まれるが，有性生殖の結果形成された卵（有精卵）は写真のように厚く装飾された壁で囲まれ，耐久卵となる。

ワムシやミジンコの例では，ふだんは雌だけがいて単為生殖をしていますが，環境が大きく変化すると雄が生まれ，有性生殖によって子孫を残します。ところがワムシの中でもヒルガタワムシの仲間は，雄が存在せず，雌の単為生殖のみで増えています。ではなぜヒルガタワムシは変化する環境の中で生き続けてきたのでしょうか？　最近の研究によると，ヒルガタワムシは細菌や菌類など別の生物の遺伝子を多数もっていることが示されています（ただし，実験時の混入である可能性も指摘されているそうです）。ヒルガタワムシは別の生物の遺伝子を取り込むこと（遺伝子の水平伝播）で自らの遺伝的多様性を維持し，有性生殖無しで数千万年間進化し続けてきたのかもしれません。

■ マルサヤワムシ目　ミツウデワムシ属　*Filinia*　★★

体は卵形,長さ100～300μm,被甲を欠く。前端に2本,後端に1～2本の細長い肢をもつ。足を欠く。ときに多い。浮遊性。

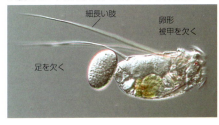

細長い肢／卵形 被甲を欠く／足を欠く

■ マルサヤワムシ目　ヒラタワムシ属　*Testudinella*　★★

扁平で硬い被甲(長さ100～200μm)をもつ。腹面後方の孔から伸縮性の足を伸ばすが,写真のように被甲内に縮んで見えないこともある。底生性。

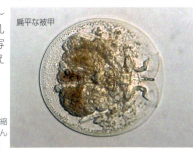

扁平な被甲

腹面後方の孔から伸縮性の足を伸ばす(縮んでいて見えていない)

■ ヒルガタワムシ目　ヒルガタワムシの仲間　★

体は細長く節があり,活発に伸縮する(伸長時0.3～1mm)。ふつう足の先端の趾で基物に付着している。太古に有性生殖を失った生物群として有名。類似属が多く,分類は難しい。底生性。

趾　足
節があり活発に伸縮

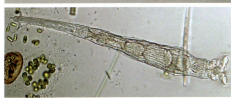

【腹毛動物門】

■毛遊目　イタチムシの仲間　★

体は細長く,ふつう長さ100～300 µm。頭部と腹部でやや幅広く,後端は2本の突起になっている。腹面には繊毛列があり,これによって基物の表面を這うように,ときに身をくねらせながら素早く移動する。底生性で,意外とふつうに見られる。

2本の突起

【扁形動物門】

■小鎖状目　イトヒメウズムシ属　*Catenula*　★★

体は細長く,複数の個虫が連結している(1個虫は長さ0.2～2 mm)。体表に繊毛が密生しており,体をくねらせて盛んに伸縮しながら基質状を滑るように移動する。平衡胞(おそらく平衡器官)を含む頭部と胴部に分かれている。クサリヒメウズムシ属など類似属がいくつか存在する。底生性。

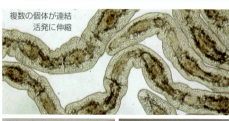

複数の個体が連結　活発に伸縮

体表に繊毛

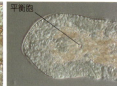

平衡胞

【線形動物門】

センチュウの仲間　★

体は細長く,ふつう無色,体節を欠く。体をくねらせて運動するが,伸縮はしない。この仲間には寄生性のもの(回虫など)もいるが,土壌や水底には多数の種がおり,1億種に達するとの推定もある。分類は非常に難しい。底生性。

体節はない　伸縮しない

【節足動物門】

ふつう硬い殻（外骨格）をもち，体や足に節がある。昆虫やクモ，ムカデ，カニなどが含まれる非常に大きなグループであり，淡水中の微生物としてはミジンコ，ケンミジンコ，カイミジンコ（カイムシ）の仲間が多く見られる。

ミジンコの仲間

多くは長さ0.3〜2 mmほどの甲殻類。ふつう体はほぼ楕円形，頭部と胴部に分かれ，胴部の体節性は不明瞭で左右から背甲で覆われる。ふつう左右にやや扁平であるため，顕微鏡下では側面が見えることが多い。頭部には大きな複眼が1個あり（一つ目！），小さな単眼もある。左右に大きく伸びた手のような構造は第2触角であり，途中から二叉に分かれ，遊泳器官として用いる。頭部の腹側はときに尖って吻になり，その近くに短い第1触角がある。胴部には4〜6対の鰓状の脚がある。胴部の末端はふつう前方に曲がっており，先端は爪状。ふつう雌のみで増えており，条件が悪くなると雄が生まれて有性生殖をする。卵は背甲の中で保護され，親と同じ形の幼体が孵化する。多くは浮遊性だが一部は底生性。

ミジンコ目（枝角目）　**ミジンコ属**　*Daphnia*　★

吻は尖る。頭部の先端が尖っているものもいる。単眼は点状。背面における頭部と胴部のつなぎ目はふつう連続的。背甲の後端が鋭く尖り，殻刺になっている。

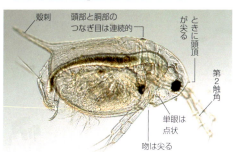

ミジンコ目（枝角目）　**オカメミジンコ属**　*Simocephalus*　★

吻は尖る。頭部はやや三角形。単眼はふつう紡錘形。背甲の腹側縁には剛毛列がある。

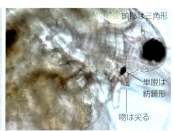

ミジンコ目(枝角目) ネコゼミジンコ属 *Ceriodaphnia* ★

ふつう吻はない。頭部は腹側にやや傾く。単眼は点状。背面において頭部と胴部の境は凹んでいることが多い。

頭部と胴部の境は凹んでいる

頭部は腹側に傾く
複眼
ふつう吻を欠く
単眼は点状

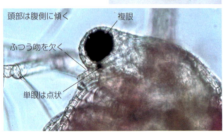

複眼

ミジンコ目(枝角目) ゾウミジンコ属 *Bosmina* ★

第1触角が長く,象の鼻のように伸びている。第2触角は短い。背甲の腹側後端が殻刺になっている。よく似たゾウミジンコモドキ属では2本の第1触角基部が融合しており,殻刺を欠く。

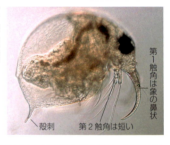

第1触角は象の鼻状
殻刺　第2触角は短い

ミジンコ目(枝角目) マルミジンコの仲間 ★

頭甲は背甲と滑らかにつながり,先端はくちばし状に伸びて吻になる。第2触角は短い。ときに単眼が大きい。類似した属が多く,分類は難しい。

先端はくちばし状

しばしば単眼が大きい
第2触角は短い

■ケンミジンコ目（キクロプス目） ケンミジンコの仲間 ★

長さ0.5～2mmほどの甲殻類。体はふつう棍棒状で、明瞭な体節に分かれる。前部（前体部）にくらべて後部（後体部）は明瞭に細い。前端には比較的長い触角（第1触角）があるが、前体部長より短い。また触角の間には1個の眼がある。前体部下面には4対の短い脚があるが、背面からは見えない。後端には2個の尾叉があり、長い毛が生えている。雌は後体部左右に卵嚢を付けていることがある。卵が孵化して生まれた幼体は親とはかなり異なる形をしており、ノープリウス幼生とよばれる。これが数回脱皮して成体になる。多数の属種を含むが、分類は難しい。多くは浮遊性、ときに多い。

ノープリウス幼生

■ケンミジンコに似たグループ

ケンミジンコ類によく似たグループとして、第1触角が前体部よりも長いヒゲナガケンミジンコ目（カラヌス目）と、第1触角が短く前体部と後体部の幅が余り変わらないソコミジンコ目（ハルパルチクス目）があり、いずれも淡水プランクトンとして見られることがある（ソコミジンコ類は底生性）。

■カイミジンコ目 カイミジンコ（カイムシ）の仲間 ★★

長さ0.5～2mmほどの甲殻類。背中から左右に張り出した殻によって体が包まれている。殻は楕円形～卵形、表面はふつう平滑だが装飾されている種もいる。体節性は不明瞭、触角を含めて7対の付属肢があるが殻の中にあって見にくい。雌のみが知られる種が多い。底生性で水田などに多い。海産のウミホタルに近縁。

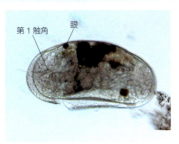

プランクトンを観察しよう

採集の方法

　湖や池の中には, さまざまな生物が生きています。顕微鏡でなければ見えないような小さな生物はどのように採集したらいいのでしょうか? 池の水をすくえば, その中には浮遊性の生物（狭義のプランクトン）が含まれているはずです。しかし, アオコなどプランクトンが大増殖している場合を除いて, ふつう浮遊性生物の密度はそれほど高くはないため, そのまま観察してもあまり多くの生物は見られません。このような場合, プランクトンネットなどで水を濾過することによって観察しやすくなります（ただし網の細かさによって採れる生物は変わります）。

　しかし, より簡単な方法でより多様な生物を観察することができます。それは, 水底に沈んでいるもやもやとした沈殿物を直接, またはスポイトなどで採取する方法です。水中の石や壁, 植物に藻類などが付着していれば, それをかき取ってみましょう。そこには多様な生物が含まれています。顕微鏡観察で使う量はほんのわずかなので, 少量採取すれば十分です。少量の試料の中にも, 数十種の微生物を見ることができます。

採集のようす
ロープをつけたバケツで水を採集しています。採集した水をプランクトンネットなどで濾過して観察します。プランクトンの密度が濃い場合は, バケツで取った水をそのまま観察してもよいでしょう。

採集に必要な道具
ロープ、バケツ、採取用ボトル、スポイト、アイスクリームカップ、油性ペンなどがあるとよいでしょう。
採集した水をボトルに入れて持ち帰ります。ボトルには，採集した場所や日付などを書き込んでおきます。

プランクトンネットの一例
バケツで採水した水をプランクトンネットで濾過すると、プランクトンの密度の高い水を得ることができます。

観察の方法

本書で扱った微生物を観察するためには、どうしても顕微鏡（光学顕微鏡、光顕）が必要です。自宅にない場合は、学校にあるものなどを使わせてもらうこともできるでしょう。顕微鏡は精密機械なので、注意深く使用してください。

スライドガラスの上に試料を載せ、カバーガラスをかぶせてプレパラートをつくり、これを観察します。カバーガラスが動いてしまうほど試料が多すぎると観察しにくいので、試料は適量に。観察の際には、低倍率で絞りを絞って生物を探し、見つかったら高倍率の対物レンズに切り換えてじっくり観察します。絞りを絞ったままだと奥と手前の像が重なってしまうので、その際には絞りをやや開けて、ピントを変えることで対象の立体構造を知ることができます。また生物の色も重要な特徴ですが、顕微鏡の光源やフィルター、また絞りを絞ることで本来の色とは違って見えることもあるので注意してください。対物レンズは40倍までしかないことが多いかもしれませんが、もし100倍の対物レンズがあればぜひ使ってみてください。100倍の対物レンズはレンズとカバーガラスの間に油を挟まなくてはならないため（油による光の屈折で焦点が合う）少し面倒ですが、低倍率では見られなかったすばらしい世界を見ることができます。

生物の大きさを測るためには、ふつうミクロメーターという、小さな目盛

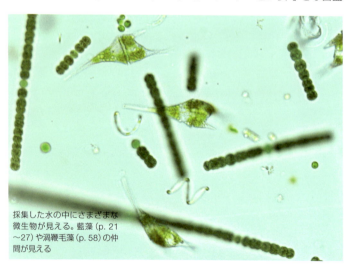

採集した水の中にさまざまな微生物が見える。藍藻 (p. 21〜27) や渦鞭毛藻 (p. 58) の仲間が見える

が付いたプレパラートと、接眼レンズにはめる目盛を使います（使い方はネットで調べてみましょう）。ミクロメーターがなければ、簡便な方法として定規を使うこともできます。透明の定規を光顕にセットし、一番低い倍率（ふつう対物レンズ4倍）で見てみます（レンズが当たら

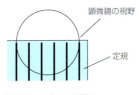

定規を使って大きさを測る
対物レンズ4倍のときに視野の端から端まで5 mm
→ 対物レンズ40倍のときには500 μm

ないように注意!）。顕微鏡をのぞいて、視野の端から端までが5 mmだとしたら、あとは定規がなくても、対物レンズが10倍の場合は5×4/10=2 mm、40倍の場合は5×4/40=0.5 mm（500 μm）と計算できます。

育ててみよう

採取した試料を一週間ほど（水が蒸発しないように）放置しておけば、ふつうその中の生物相が全く変わってしまいます。最初はほとんどいなかった生物が、一週間後には大量に増えていることがよくあります。こうすることでさらに多様な生物を観察できます。また藻類の栄養になるもの（液体肥料を1000倍以上に薄めたもの）や有機物が必要な生物の餌になるもの（米粒など）を加えておけば、また違った生物が増えてくるでしょう。このように1つの試料を基に違う条件（栄養、光、温度などを変えて）で培養してみると、おもしろい研究テーマになるかもしれません。

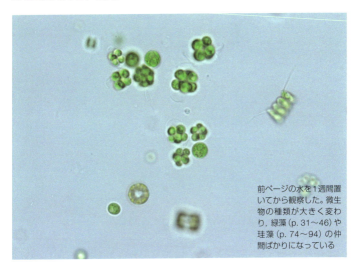

前ページの水を1週間置いてから観察した。微生物の種類が大きく変わり、緑藻（p. 31〜46）や珪藻（p. 74〜94）の仲間ばかりになっている

配布されていることも

　この本に載っているプランクトンの中には、とてもレアで自然界ではなかなかお目にかかれないものもいます。そのようなプランクトンの一部は、公的な微生物保存施設で保存されています。国内では国立環境研究所微生物系統保存施設がその保存施設にあたり、小学校から大学の授業などの教育目的で利用したい場合は無償で利用できます。以下のホームページから利用可能です。このホームページには、プランクトンの育て方がより詳しく載っているので、参考にするとよいでしょう。

国立環境研究所のプランクトン培養施設

用語解説

異質細胞：p. 27参照。

ガス胞：一部の原核生物（藍藻など）がもつ，水が通らない膜で包まれた細胞内の小さな袋。浮き袋として使われる。中に詰まっている空気は，水とは屈折率が違うため，光顕下では黒く見えることが多い。糖などの細胞内物質が多くなるとガス胞はつぶれて細胞は沈み，物質が少なくなると再び膨らんで細胞は浮かぶ。

仮足・軸足：変形する（非常にゆっくりであるため変形することを認識しづらいことも多い）細胞の突出構造のこと。その形は種によって異なり，円筒状（指状），膜状，糸状，針状（特に軸足とよばれる）などがある。

眼点：光に対する運動を行う生物において，光の感知にかかわる単純な構造のこと。ふつうカロテノイドのような色素の塊であり（そのためふつう赤色をしている），藻類の場合は葉緑体の中に存在することが多い。

クロロフィル：光合成において，光エネルギーを集める重要な色素で，緑色をしている（緑色の光は反射するため利用できない）。クロロフィル*a,b,c*などの種類がある。クロロフィル*a*はほぼ全ての藻類と陸上植物に存在するが，クロロフィル*b*や*c*は特定の分類群に存在する。

群体：複数の細胞からなるが，多細胞体にくらべて細胞数が少なかったり，細胞間が離れていたり，細胞間の機能分化がない体。群体と多細胞体の境界は連続的であり，明瞭ではない。例えばオオヒゲマワリ属（p. 35）は典型的な群体とされることも多いが，細胞が機能分化している点など多細胞体ともよべる特徴をもつ。

射出装置：刺激などによって細胞外に射出される細胞内構造の総称。粒状や紡錘状をしたものが多い。さまざまな生物群に見られるが，細かな構造は多様であり，おそらくその起源も多様。生物群によって特別な名前をもつものもある（クリプト植物門の射出体など）。

パラミロン粒：結晶性のβグルカン（多糖類）であり，ユーグレナ藻綱（ミドリムシの仲間）に特徴的に見られる。

鞭毛：細胞の一部が細長く（直径約0.3 μm）伸びた構造。内部は規則的にならんだ多数の微小管とよばれるタンパク質の細い管で支持されている。この微小管が互いにずれることで鞭毛は波打ち運動をする。細菌も鞭毛とよばれる構造をもつことがあるが，これはより細いタンパク質の糸のような構造で（光顕では見えない），全く起源が異なる。

ピレノイド：葉緑体中に存在するタンパク質の塊。光合成において二酸化炭素を固定する酵素（ルビスコという）が主成分。ふつうデンプンのような多糖類で囲まれているため，光顕下でも目立つ。

定数群体：p. 41参照。

等長鞭毛・亜等長鞭毛・不等長鞭毛：1細胞に2本以上の鞭毛がある場合，その相対的長さは重要な特徴になる。等長の場合は，その鞭毛の運動様式も等しいが，亜等長（長さがやや異なる）や不等長（長さが全く異なる）の場合は，ふつう運動様式も異なる。

繊毛：1つの細胞に多数の鞭毛がある場合，とくに繊毛とよぶ。構造的には鞭毛と同一。

母細胞と娘細胞：細胞分裂をする細胞を母細胞，この細胞分裂の結果生まれた細胞を娘細胞とよぶ。細胞壁で覆われた細胞の場合，娘細胞はふつう母細胞の細胞壁に包まれた状態で生まれる。

もっとプランクトンを知りたい人のために

参考となる書籍（現在，販売中のもののみ記載。）

■ 『やさしい日本の淡水プランクトン　図解ハンドブック』
若林徹哉（監修）合同出版 2008

■ 『淡水微生物図鑑』
月井雄二 誠文堂新光社 2010

■ 『日本淡水産動植物プランクトン図鑑』
田中正明 名古屋大学出版会 2002

■ 『日本産ミジンコ図鑑』
田中正明・牧田直子 共立出版 2017

■ 『日本淡水動物プランクトン検索図説』
水野寿彦・高橋永治（編）東海大学出版会 2000

■ 『淡水藻類入門ー淡水藻類の形質・種類・観察と研究』
山岸高旺 内田老鶴圃 1999

■ 『藻類の多様性と系統』
千原光雄（編）裳華房 1999

■ 『藻類30億年の自然史ー藻類からみる生物進化・地球・環境』
井上勲 東海大学出版 2007

参考となるウェブサイト

■ 『霞ヶ浦のプロチスタ』
http://www.biol.tsukuba.ac.jp/~algae/PoK/index.html
日本で二番目に大きい湖である霞ヶ浦で見られるプランクトンが見られる。著者が作成したホームページ。

■ 『アオコをつくる藍藻』
https://www.kahaku.go.jp/research/db/botany/aoko/
国立科学博物館が作成したホームページ。写真や図でアオコを作る藍藻の特徴を調べることができる。

- ■ 『ダム湖のプランクトン』
  http://www.kahaku.go.jp/research/db/botany/dam/
  同じく国立科学博物館が作成したホームページ。ダム湖でよく見られる植物プランクトンの簡易同定用。
- ■ 『原生生物情報サーバ』
  http://plankton.image.coocan.jp/
  原生生物を中心としたさまざまな微生物が，多数の画像とともに解説されている。
- ■ 『プランクトン図鑑』
  http://web.yokkaichi-u.ac.jp/bio/zukan/
  四日市大学の生物学研究所が作製したプランクトン図鑑。
- ■ 『ねこのしっぽ 小さな生物の観察記録』
  http://plankton.image.coocan.jp/
  さまざまなプランクトンが，美しい写真とともに解説されている。
- ■ 『微生物観察による下水処理の診断 part2』
  http://seibutu7.html.xdomain.jp/
  下水処理場でよく見られる水中の微生物についての図鑑。検索表もある。
- ■ 『Diatoms of the United States』
  https://westerndiatoms.colorado.edu/
  米国の淡水産珪藻の図鑑。英語。
- ■ 『Microworld: world of amoeboid organisms』
  https://www.arcella.nl/amoeba
  さまざまなアメーバ類の図鑑。写真が非常に美しい。英語。

藻類を楽しめる芸術作品

- ■ 奥修氏が代表を務める『ミクロワールドサービス』のホームページ
  http://micro.sakura.ne.jp/mws/

珪藻を並べて製作した芸術的標本の顕微鏡画像が多数掲載されている

珪藻の芸術的な顕微鏡写真を見たり，標本を購入したりすることができます。

ツツガタケイソウ

和名索引（黒字は属解説ページ）

ア行

アオカゲヒゲムシ属 *　58, 113
アオミドロ属　52, 53, 99, 108
アカカゲヒゲムシ属 *　113
アカヒゲムシ属　32
アクチナスツルム属　48, 119
アクチノスファエリウム属　96
アクチノタエニウム属　55
アクチノフリス属　96
アクロマチウム属　20
アステロコックス属　36
アナベナ属　26
アナベノプシス属　26
アファニゾメノン属　27
アファノカエテ属　46
アファノカプサ属　22, 72
アファノテーセ属　22
アマスチゴモナス属　117
アミドロ属　39
アメーバ属　108
アルスロスピラ属　24
アワセオオギ属　54
アンキストロデスムス属　43
アンキロモナス属　117

イカダケイソウ属
　→クサリケイソウ属
イカダモの仲間　40
イタケイソウ属　82
イタチムシの仲間　128
イチモンジケイソウ属　83
イデユココゴメ属　29
イトクズモ→アンキストロデスム
　ス属
イトヒメウズムシ属　128
イトマキミドロ属　53

ウィレア属の類似種　42
ウェステラ属　42
ウサギワムシ属　124
ウズオビムシ属　58
ウチワヒゲムシ属　102, 104
ウロコカムリ属　97
ウロコタイヨウチュウ属　116
ウロネマ属（繊毛虫）　61
ウロネマ属（緑藻綱）　46

エスジケイソウ属　89
エリツキケイソウ属　88
エントシフォン属　104, 105

オオキスティス属　48, 49
オオヒゲマワリ属　35
オカメジンコ属　129
オキシトリカ属　59
オクロモナス属　66
オケワムシ属→ネコワムシ属

オドリフデツツムシ属→ケナ
　ガコムシ属
オナガヒラタヒゲムシ属　104
オナガワムシ属　123
オニジュウジケイソウ属　80, 81
オニワムシ属　123
オビケイソウ属　79
オビジュウジケイソウ属　80
オフィオキチウム属　72

カ行

ガイコツケイソウ属　90
カイミジンコ（カイムシ）の仲間　131
カイムシ→カイミジンコの仲間
カエトスファエリディウム属　51
カゲヒゲムシ属　112, 113
カタマリヒゲマワリ属（クワノ
　ミモ属）　34
カビヒゲムシ属　66, 67
カメノコウワムシ属　123
カマエシフォン属　23
カラエリヒゲムシ属　121
カラキウム属　45, 70, 72
カラキオプシス属　70, 72
カラタイヨウチュウ属の仲間　115
カラヒゲムシ属　101
カルテリア属　32

キクリディウム属　61
キルクネリエラ属　44
キレコミクンショウモ属　38
キロドネラ属　61

クアドリグラ属　44
クサビケイソウ属　84
クサリケイソウ属（イカダケイ
　ソウ属）　93
クサリヒメウズムシ属　128
クシガタケイソウ属　91, 92
クスダマヒゲムシ属　67
クスピドスリックス属　26
クチサケミズケムシ属　62
クチビルケイソウ属　83
グラウコキスティス属　29
クラミドモナス属→コナミドリ
　ムシ属
クリソアメーバ属　69
クリソクロムリナ属　114
クリソコックス属　68
クリソピクシス属　70
クリプトグレナ属　101
クリプト菌類　119
クルキゲニア属　47
クルキゲニエラ属　42
クロオコックス属　21
クロレラ属　47, 110, 115
クロロモナス属　31

クワノミモ属→カタマリヒゲマワリ属
クンショウモモドキ属 *　37

ケナガコムシ属（オドリフデツ
　ツムシ属）　60
ケルコモナス属　99
ケントリトラクツス属　72
ケンミジンコの仲間　131

コウガイチリモ属　53
コエラスツルム属　42
コエロスファエリウム属　22
コクリオポディウム属　110
コスルニア属　63
コドシガ属　120
コナミドリムシ属（クラミドモ
　ナス属）　31, 32-34, 119
ゴニオクロリス属　71
ゴニオストマム属　73
ゴニオモナス属　113
コバンケイソウ属　81, 91, 93
コマシエラ属　41
コメツブケイソウ属　86
コラキウム属　100
ゴレンキニア属　36
コロディクティオン属　117

サ行

ササノハケイソウ属　94
サッカアメーバ属　108
サミダレケイソウ属　85
サミダレモドキケイソウ属　87
サメハダクンショウモ属　37
サヤゲモ属　51
サヤツナギ属　66, 68
サヤヒゲ属　45, 46, 99
サラワムシ属（ツキガタワムシ属）　124

シアソボド属　95
シアワセモ属　34
シネココックス属　21
ジャバラケイソウ属　78
ジュウジケイソウ属　90
シュロエデリア属　45
スジタルケイソウ属　74
スチゲオクロニウム属　46
スティロニキア属　59
スティロニキア属の仲間　59
スナカラムシ属　60
スノウェラ属　22
スピルリナ属　24
スファエロスペルモプシス属　26
スブメラ属　65, 66
スポンゴモナス属　99
センチュウの仲間　128

ゾウミジンコ属　130
ゾウリムシ属　62

ソラスツルム属　38

タ行

タイコケイソウ属　77,78
タイコトゲカサケイソウ属　77
タテナミケイソウ属　94
タマヒゲマワリ属　35
タルガタゾウリムシ属→ヨロイミズケムシ属
タルケイソウ属　74
ダルマオトシ属　53
チビワムシ属　124
チリモ属　53
ツキガタワムシ属→サラワムシ属
ツクバモナス属　107
ツヅミモ属　55
ツノイカダモ属 *　41
ツノオビムシ属（ツノモ属）58
ツノモ属→ツノオビムシ属
ツブスジツメワカレケイソウ属　86
ツボカビ類　119
ツボカムリ属　109,110
ツボワムシ属　122
ツメケイソウ属　85
ツメワカレケイソウ属　86
ツリガネムシ属　63
ツルギミドロ属　46
ディクティオスファエリウム属　48
ディスモルフォコックス属　33
ディフレイア属　117
ディプロエカ属　120
ディプロシガ属　121
ディプロフリス属　96
ディモルフォコックス属　43
テカアメーバ属　111
デスマレラ属　121
テトラエドリエラ属　71
テトラエドロン属　39
テトラスツルム属　49
テトラセルミス属　30
テトラヒメナ属（ヒメエリミズケムシ属）　62
テトララントス属　44
トゲイカダモ属 *　40
トゲカサケイソウ属　77
トゲタイヨウチュウ属　116
トゲナシツルギミドロ属　46
トラキディスクス属　71
ドリコスペルマム属　23,26,27
トリボネマ属　73
トレワバリア属　36
トレポモナス属　107
ドロワムシ属　124

ナ行

ナベカムリ属　109
ニセウチワヒゲムシ属　102
ニセオニジュウジケイソウ属　80
ニセクスダマヒゲムシ属　67
ニセクチビルケイソウ属　90
ニセコアミケイソウ属　76
ニセフネケイソウ属　88
ヌクレアリア属　118
ヌサガタケイソウ属　82
ヌスットオビムシ属 *　58
ネオボド属　105
ネコゼミジンコ属　130
ネコワムシ属（オケワムシ属）　123
ネズミワムシ属　125
ネフロセルミス属　30

ハ行

バキュオラリア属　73
ハスクチカラヒゲムシ属　101
ハスフネケイソウ属　87
ハダカオビムシ属　58
ハダナミケイソウ属　81,91
ハネウデワムシ属　125
ハネケイソウ属　88
ハフケイソウ属　91,92
パブロバ属　114
パラフィソモナス属　65,66
ハラミクチビルケイソウ属　84
ハリオティナ属　42
ハリケイソウ属　79
バールカンピア属の仲間　106
ハルトマンネラ属　106,108
バンネラ属　111
バンピレラ属　99
ヒカリモ属　69
ビクシコラ属　63
ヒゲマワリ属　35
ヒコソエカ属　95
ヒザオリ属　53
ヒシガタケイソウ属　87
ヒスチオナ属　106
ヒトツノクンショウモ属　38
ヒトツメケイソウ属　76
ビトレオクラミス属　33
ヒメエリミズケムシ属→テトラヒメナ属
ヒモガタオジュウジケイソウ属　81
ヒラタヒゲマワリ属　34
ヒラタワムシ属　127
ヒルガタワムシの仲間　126,127
ファエオプラカ属　70
フォルミディウム属の仲間　25
フクロミズケムシ属　60
フクロワムシ属　125

ワ行？

プセウドアナベナ属　24
プセウドカラキオプシス属　70,72
プセウドスタウラスツルム属　71
プセウドデンドロモナス属　95
フセウロコカムリ属　97
フセツボカムリ属　110
フタオワムシ属　125
フタツノクンショウモ属　37
フデツツカラムシ属　60
プテロモナス属　33
フトスジツメワカレケイソウ属　86
フトヒゲムシ属　103,104
フネケイソウ属　89
プラギオセルミス属　113
プランクトスリコイデス属　25
プランクトスリックス属　25
プランクトネマ属　49
プランクトミケス属　20
ブルボカエテ属　45
プレウロネマ属　61
ベキシリフェラ属　111
ペクティノデスムス属　41
ペタロモナス属　105
ヘテロネマ属　103
ホカツキケイソウ属　81,93
ホシガタケイソウ属　82
ホシガタモ属　55
ホシノタイコケイソウ属　78
ホシミドロ属　53
ボド属　106
ボトリオコックス属　50
ホネツギケイソウ属　76
ポリエドリオプシス属　39
ポーリネラ属　98

マ行

マガリクサビケイソウ属　85
マミズツツガタケイソウ属　78
マユガタミズケムシ属　62
マユケイソウ属　89
マヨレラ属　110
マルイカダモ属　41
マルミジンコの仲間　130
ミカヅキモ属　54
ミクラクチニウム属　47
ミクロキスティス属　23,117
ミクロタムニオン属　50
ミコナステス属　45,119
ミジンコ属　129
ミジンコワムシ属　125
ミズヒラタムシ属　59
ミツウデワムシ属　127
ミドリムシ属　100,102,104,107
ミノヒゲムシ属　64
ムシドスファエリウム属　48
ムレミカヅキモ属　44

141

メソスティグマ属	51			ラゲルヘイミア属	49
メッサスゾルム属	43	**ヤ行**		ラッパムシ属	59
メノイディウム属	103	ヤリミドリ属	32	ランプロキスティス属	20
メリスモペディア属	21	ユレモ属	25	リゾコラ属	118
メロトリカ属	73	ヨロイミズケムシ属（タルガタ		リンコモナス属	106
メンガタミズケムシ属	59	ゾウリムシ属）	60	レンマーマンニア属	50
モトヨセヒゲムシ属	65	**ラ行**		ロボモナス属	33
モノモルフィナ属	101				
モノラフィディウム属	43	ラクナストルム属	37		

学名索引 （黒字は属解説ページ）

Acanthoceros	78	*Centropyxis*	110	*Cyclotella*	77
Acanthocystis	115	*Ceratium*	58	*Cymatopleura*	91
Achnanthes	85	*Cercomonas*	99	*Cymbella*	83
Achnanthidium	86	*Ceriodaphnia*	130	*Daphnia*	129
Achromatium	20	*Chaetosphaeridium*	51	*Desmarella*	121
Actinastrum	48	*Chamaesiphon*	23	*Desmidium*	53
Actinocyclus	76	*Characiopsis*	72	*Desmodesmus*	40
Actinophrys	96	*Characium*	45	*Diatoma*	82
Actinosphaerium	96	*Chilodonella*	61	*Dictyosphaerium*	48
Actinotaenium	55	*Chlamydomonas*	31	*Diffulgia*	109
Amastigomonas	117	*Chlorella*	47	*Dimorphococcus*	43
Amoeba	108	*Chlorogonium*	32	*Dinobryon*	68
Amphora	90	*Chloromonas*	31	*Diphylleia*	117
Anabaena	26	*Chromophyton*	69	*Diploeca*	120
Anabaenopsis	26	*Chroococcus*	21	*Diploneis*	89
Ancyromonas	117	*Chroomonas*	113	*Diplophrys*	96
Anisonema	104	*Chrysamoeba*	69	*Diplosiga*	121
Ankistrodesmus	43	*Chrysochromulina*	114	*Discostella*	78
Anomoeneis	85	*Chrysococcus*	68	*Diurella*	125
Anthophysa	67	*Chrysopyxis*	70	*Dolichospermum*	26
Aphanizomenon	27	*Cloniophora*	46	*Drapamaldia*	46
Aphanocapsa	22	*Closterium*	54	*Dysmorphococcus*	33
Aphanochaete	46	*Cocconeis*	86	*Encyonema*	84
Aphanothece	22	*Cochliopodium*	110	*Entosiphon*	105
Arcella	109	*Codosiga*	120	*Epithemia*	91
Arthrospira	24	*Coelastrum*	42	*Eudorina*	35
Aspidisca	59	*Coelosphaerium*	22	*Euglena*	100
Asplanchna	125	*Colacium*	100	*Euglypha*	97
Asterionella	82	*Coleochaete*	51	*Eunotia*	83
Asterococcus	36	*Coleps*	60	*Euplotes*	59
Aulacoseira	74	*Collodictyon*	117	*Filinia*	127
Bacillaria	93	*Colurella*	124	*Fragilaria*	79
Belonastrum	81	*Comasiella*	41	*Frontonia*	62
Bicosoeca	95	*Cosmarium*	55	*Frustulia*	87
Bodo	106	*Cothurnia*	63	*Glaucocystis*	29
Bosmina	130	*Craticula*	90	*Golenkinia*	36
Botryococcus	50	*Crucigenia*	47	*Gomphonema*	84
Brachinus	122	*Crucigeniella*	42	*Goniochloris*	71
Brachysira	87	*Cryptoglena*	101	*Goniomonas*	113
Bulbochaete	45	*Cryptomonas*	112	*Gonium*	34
Bursaria	60	*Cuspidothrix*	26	*Gonyostomum*	73
Caloneis	88	*Cyanidium*	29	*Gymnodinium*	58
Carteria	32	*Cyathobodo*	95	*Gyrosigma*	89
Catenula	128	*Cyclidium*	61	*Haematococcus*	32
Centritractus	72	*Cyclostephanos*	77		

Halteria	60	Paulinella	98	Staurosira	80
Hariotina	42	Pavlova	114	Staurosirella	80
Hartmannella	108	Pectinodesmus	41	Stenostomum	128
Heteronema	103	Pediastrum	37	Stentor	59
Heterophrys	116	Peranema	103	Stephanodiscus	77
Hexarthra	125	Peridinium	58	Stigeoclonium	46
Histiona	106	Petalomonas	105	Strombomonas	101
Hyalotheca	53	Phacus	102	Stylonychia	59
Hydrodictyon	39	Phaeoplaca	70	Surirella	93
		Phormidium	25	Synchaeta	124
Karayevia	86	Pinnularia	88	Synechococcus	21
Keratella	123	Plagioselmis	113	Synedrella	81
Kirchneriella	44	Planctomyces	20	Synura	65
		Planctonema	49		
Lacunastrum	37	Planktothricoides	25	Tabellaria	82
Lagerheimia	49	Planktothrix	25	Testudinella	127
Lamprocystis	20	Planothidium	86	Tetrabaena	34
Lecane	124	Platyias	123	Tetradesmus	41
Lemmermannia	50	Pleodorina	35	Tetraedriella	71
Lepadella	124	Pleuronema	61	Tetraedron	39
Lepocinclis	102	Pleurotaenium	53	Tetrahymena	62
Lithocolla	118	Polyarthra	125	Tetrallantos	44
Lobomonas	33	Polyedriopsis	39	Tetraselmis	30
		Pseudanabaena	24	Tetrastrum	49
Mallomonas	64	Pseudocharaciopsis	70	Thalassiosira	76
Mayorella	110	Pseudodendromonas	95	Thecamoeba	111
Melosira	74	Pseudopediastrum	37	Tintinnidium	60
Menoidium	103	Pseudostaurastrum	71	Tintinnopsis	60
Merismopedia	21	Pteromonas	33	Trachelomonas	101
Merotricha	73	Punctastriata	80	Trachydiscus	71
Mesostigma	51	Pyxicola	63	Trepomonas	107
Messastrum	43			Treubaria	36
Micractinium	47	Quadrigula	44	Tribonema	73
Micrasterias	54			Trichocerca	125
Microcystis	23	Raphidiophrys	116	Trichotria	123
Microthamnion	50	Rhodomonas	113	Trinema	97
Monactinus	38	Rhopalodia	91	Tryblionella	94
Monomorphina	101	Rhoicosphenia	85	Tsukubamonas	107
Monoraphidium	43	Rhynchomonas	106		
Mougeotia	53			Ulnaria	79
Mucidosphaerium	48	Saccamoeba	108	Urocentrum	62
Mychonastes	45	Salpingoeca	121	Uroglena	67
		Scaridium	123	Uroglenopsis	67
Navicula	89	Scenedesmus	41	Uronema (Chlorophyceae)	46
Neidium	87	Schroederia	45	Uronema (Ciliophora)	61
Neobodo	105	Selenastrum	44	Urosolenia	78
Nephroselmis	30	Sellaphora	88		
Nitzschia	94	Simocephalus	129	Vacuolaria	73
Nuclearia	118	Skeletonema	76	Vahlkampfia	106
Nusuttodinium	58	Snowella	22	Vampyrella	99
		Sorastrum	38	Vannella	111
Ochromonas	66	Sphaerospermopsis	26	Vexillifera	111
Oedogonium	45	Spirogyra	52	Vitreochlamys	33
Oocystis	48	Spirulina	24	Volvox	35
Ophiocytium	72	Spondylosium	53	Vorticella	63
Oscillatoria	25	Spongomonas	99		
Oxytricha	59	Spumella	65	Westella	42
		Staurastrum	55	Willea	42
Pandorina	34	Stauridium	38		
Paramecium	62	Stauroneis	90	Zygnema	53
Parapediastrum	37				
Paraphysomonas	65				

あとがき

　多くのプランクトンは顕微鏡を使わないと見ることができないため，日常生活の中で意識することは少ないかもしれません。しかし，顕微鏡をのぞけば，その中にはプランクトンの多様な世界を見ることができます。そんなプランクトンを顕微鏡でのぞくことを日常としている著者らがこのハンドブックを作りました。ぜひ，近くの池のプランクトンを観察してみてください。ひょっとしたら，このハンドブックを探しても，「名前がわからないプランクトン」が見つかってくるかもしれません。それは，詳しく調べたら新種かもしれませんね。この世界には，まだ名前のついていないプランクトンがたくさんいると言われており，そんな"名無し"のプランクトンはみなさんに発見してもらえる日を待っていることでしょう。日本でプランクトンを学ぶことができる大学もとても限られていますし，日本語の資料も限られています。このハンドブックが，みなさんのプランクトンに対する興味の入り口となれば，うれしく思います。

　最後に，文一総合出版の菊地千尋さんには，この"マニアックな"プランクトンハンドブックを企画化してくださり，とても感謝しています。また，さまざまなアイデア・助言をいただきました。この場をお借りして深く御礼申し上げます。